全氟有机化合物

对陆生植物的生物毒性及其互作机制

曲宝成　赵洪霞　编著

化学工业出版社
·北京·

内容简介

本书着眼于全氟有机化合物(PFCs)这一新污染物的土壤污染现状，对 PFCs 作用于植物的潜在生态风险进行了研究，着重介绍了典型 PFCs 对陆生植物的生物毒性及其互作影响。主要包括典型 PFCs 对小麦的植物毒性影响，小麦对 PFCs 的吸附、吸收及吸收动力学研究，典型环境因子对小麦吸收 PFCs 的影响。

本书可供相关专业的科研人员、技术人员使用，还可作为高等院校环境工程及环境科学专业的本科生、研究生阅读和参考。

图书在版编目(CIP)数据

全氟有机化合物对陆生植物的生物毒性及其互作机制/曲宝成，赵洪霞编著. —北京：化学工业出版社，2022.10

ISBN 978-7-122-42340-5

Ⅰ. ①全… Ⅱ. ①曲…②赵… Ⅲ. ①氟化合物-有机化合物-影响-植物-毒性 Ⅳ. ①Q945

中国版本图书馆 CIP 数据核字（2022）第 188790 号

责任编辑：李建丽
文字编辑：刘洋洋
责任校对：宋　夏
装帧设计：李子姮

出版发行：化学工业出版社
（北京市东城区青年湖南街 13 号 邮政编码 100011）
印　　装：中煤（北京）印务有限公司
710mm × 1000mm　1/16　彩插 1　印张 8¼　字数 139 千字
2023 年 1 月北京第 1 版第 1 次印刷

购书咨询：010-64518888
售后服务：010-64518899
网　　址：http://www.cip.com.cn
凡购买本书，如有缺损质量问题，本社销售中心负责调换。

定　　价：99.00 元

前言

本书是在笔者博士后的研究工作以及所指导的硕士研究生的工作基础上加以充实和整理完成的，目的是总结之前的工作，以期国内同行对笔者给以批评和指正。

全氟有机化合物（PFCs）是一类新污染物，具有典型的“三致”效应，目前各国已经对全氟辛烷磺酸（PFOS）和全氟辛酸（PFOA）等长链 PFCs 禁止或限制生产和使用。但 PFCs 的长期使用已导致其污染具有全球性。由于 PFCs 化学结构的稳定性，其在环境介质中的存在具有持久性。现有研究已表明土壤是 PFCs 存在的一个主要的“汇”，而植物作为食物链的起始和重要组成部分，对土壤中有机污染物的迁移和食物链传递起着至关重要的作用。为了解 PFCs 对植物的潜在生态风险，本书对典型 PFCs 作用于陆生植物的生物毒性及其互作影响进行了研究。本书共分七章，第一章介绍了 PFCs 的理化性质与毒性、环境污染与暴露水平，在不同环境介质中的迁移转化行为，并概述其与植物的可能相互作用关系。第二章介绍了 PFOS 和 PFOA 两种典型 PFCs 对植物幼苗生长的生态毒性影响，从第三章起以小麦为模式植物系统介绍了 PFCs 和植物之间的互作影响，主要包括 PFCs 对小麦的植物毒性作用、小麦对 PFCs 的吸收和吸附研究。本书的研究对于想了解新污染物 PFCs 和陆生植物相互关系的读者来说有一定的参考价值。

本书的第一章到第四章及第七章由曲宝成撰写，第五、六章由赵洪霞、关月撰写。本书的撰写得到了大连海洋大学“设施渔业”教育部重点实验室的资助，并得到了大连海洋大学刘鹰教授、大连理工大学周集体教授的大力支持和帮助，在此一并表示感谢。

由于编著者水平和经验有限，书中不足之处不可避免，再次敬请广大读者不吝指正。

曲宝成

2022 年 5 月

目录

001 第 1 章　典型全氟有机化合物的环境效应概述

054 第 3 章 PFOS 和 PFOA 对小麦的植物毒性影响研究

073 第 4 章 溶液培养条件下小麦对 PFOS 和 PFOA 的吸收和吸附研究

第 1 章

典型全氟有机化合物的环境效应概述

1.1　全氟有机化合物的物理化学性质及应用

1.1.1　概述

全氟化合物（perfluorinated compounds, PFCs）是一类具有重要应用价值的含氟有机化合物，其生产和使用可以追溯到 60 年前[1]。PFCs 具有疏水、疏油特性，因此被广泛应用于皮革、地毯、纺织、造纸、农药、洗发香波和灭火泡沫等工业和民用领域[2]。虽然 PFCs 已被生产多年，但最近才有在野生动物和人体广泛检出的报道。目前，人们已经在包括降雨和降雪、地表水和地下水、土壤和沉积物，鸟类、食用海洋生物、海洋哺乳动物和人类等许多环境介质和生物样品中发现 PFCs[3-5]。由于 PFCs 含有具有极高化学键能（键能约为 110kcal/mol）的 C—F 共价键[6]，这类化合物普遍具有很高的稳定性，能够经受很强的热、光照、化学作用、微生物作用和高等脊椎动物的代谢作用而不降解[7,8]。此外，它还随食物链的传递在生物机体内富集和放大至相当高的浓度[9,10]，对生物体的健康产生潜在的危害[11,12]。因此，作为一类新兴（emerging)的污染物，PFCs 所引发的环境问题日益受到人们的关注，关于 PFCs 类物质的环境行为、生态安全和毒性已成为当今的研究热点。

1.1.2　全氟化合物的结构、性质和来源

PFCs 碳链的长短不同，性质也有所不同，表 1.1 为几种典型的全氟化合物的物理及化学性质，同时，从图 1.1 可以看出这几种全氟化合物的结构式，全氟辛烷磺酸（PFOS）末端为磺酸基，其余都是羧基，只是碳链长短不同。碳和氟共价键的存在，使其性质更为稳定，在环境中长期存在，不易降解。

这其中，PFOS 是全氟化合物家族（PFCs）中的代表性物质之一，由于具有稳定的 C—F 共价键，在自然环境中很难降解。全氟化合物中的 PFOS 被正式增列为持久性有机污染物。PFOS 的化学结构如图 1.1 所示，PFOS 分子包括 17 个氟原子和 8 个碳原子，末端碳原子上连接一个磺酸基。其主要物理化学性质如表 1.1 所示，此类物质不易挥发，不溶于水也不溶于有机溶剂。由于高的

C—F 键键能，此类物质的化学性质极其稳定，在自然环境中很难降解，能够经受高温加热、化学作用、光照、微生物作用和高等脊椎动物的代谢作用，即使在浓硝酸或浓硫酸中煮沸 1h，或者在浓硫酸中浸泡一个月也不会降解。人体研究表明，基于新生儿的干血清研究估算 PFOS 平均半衰期可达 4.1 年[13]。而针对成年职业人群的研究显示 PFOS 的半衰期可长达 5.4 年[14]。

表 1.1 典型全氟化合物的部分物理及化学性质

全氟化合物	化学式	分子量	熔点/℃	密度/(g/cm³)
全氟辛烷磺酸	$C_8HF_{17}SO_3$	500.13	—	—
全氟辛酸	$C_8HF_{15}O_2$	414.07	55～60	1.7
全氟丁酸	$C_4HF_7O_2$	214.04	−17.5	1.65
全氟庚酸	$C_7HF_{13}O_2$	364.06	30	1.79
全氟十二酸	$C_{12}HF_{23}O_2$	614.09	105～108	1.76

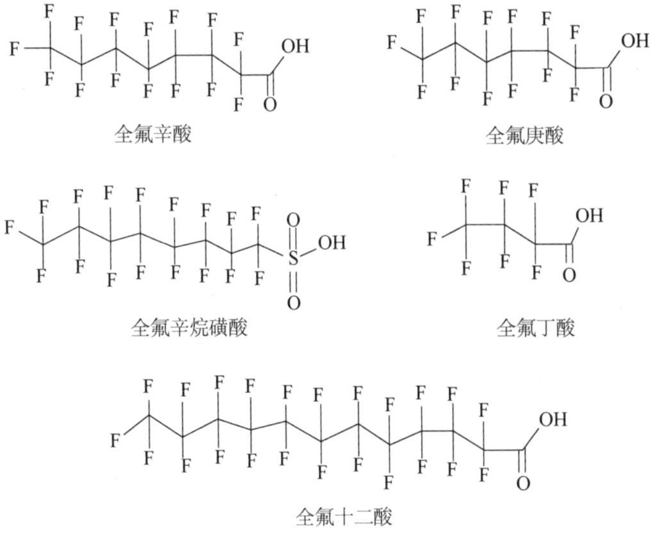

全氟辛酸　　全氟庚酸

全氟辛烷磺酸　　全氟丁酸

全氟十二酸

图 1.1 全氟化合物结构式

PFCs 中的另一主要化合物全氟辛酸（PFOA）不仅代表全氟辛酸本身，还代表其主要的盐类。全氟辛酸为一种人工合成的化学品，是一种有机酸，在生产高效能氟聚合物时 PFOA 是不可或缺的加工助剂。全氟辛酸盐类是强酸类的工业用表面活性剂，是用来生产聚四氟乙烯（polytetrafluoroethylene, PTFE）的重要原料组分之一，由于 PTFE 稳定性好，可作为不粘锅涂层。PFOA 的化学结构如图 1.1 所示。从航空科技、电子行业、运输行业到厨具等，高效能氟聚合物都被广泛应用。在防水防污衣物及消防用水成膜泡沫的制造过程中也会有 PFOA 的生成。在食品包装中，氟化调聚物（fluorotelomer）在降解时也能够产生 PFOA。PFOA 在强酸溶液中煮沸也不易发生降解，而且在生物体内的蓄积性较强，是一种新型的环境污染物。

对于典型的 PFOS/PFOA 化合物，美国 3M 公司是 PFOS 和 PFOA 及其相关物质的主要全球生产商，截至停产之日，该公司全氟辛烷磺酰氟（PFOS 合成的主要中间体）全球产量为 13670t（1985 年至 2002 年），最大年产量是 2000 年的 3500t。根据日本 2006 年向《斯德哥尔摩公约》秘书处提交的最新材料，日本仍有一家生产商在生产全氟辛烷磺酸，产量为 1～10t（2005 年）。巴西提交的材料说明全氟辛烷磺酸锂盐还在生产，但没有数量数据。此外一些国家（如加拿大）并不生产 PFOS 和 PFOA 及其前体，而是将其作为化学品或产品进口。据 Prevedouros 统计，在 1951—2004 年，全球 PFOA 的总生产量在 3600～5700t，其中有 400～700t PFOA 排放到环境当中[15]。

由于 PFOS 和 PFOA 独特的理化性质，及其典型的持久性有机污染物（POPs）性质，欧盟已通过禁令规定，欧盟市场上制成品中全氟辛烷磺酰基化合物含量不能超过其质量的 0.005%，美国已考虑全面禁用此类全氟化合物。近些年来众多学者，开始对全氟化合物的迁移转化行为、生态毒性、全球范围内的污染状况进行深入探讨和研究。目前，美国环境保护署（EPA）、加拿大环境保护署以及欧盟已经开始详细对全氟烷基化合物的使用进行研究，以便用于评价全氟化合物的潜在危害，并考虑控制或禁止这些化合物的使用。

1.2 PFCs 的环境污染与暴露水平

PFCs 由于其优异的性能在工业、农业和商业上被广泛应用，因此，会导致大量的 PFCs 进入环境，其在饮用水、地表水、地下水、沉积物、土壤等各种环境介质中的广泛检出已被大量报道。同时由于 PFCs 可以在不同的环境介质之间转移和扩散，从而导致它们出现在远离排放点的地区，甚至在遥远的南北两极也有报道[16,17]。此外，研究表明 PFCs 易于被吸收和积累在动物和农作物中，特别是其已经在牛奶及人的血液中被报道已表明其可通过食物链对人类健康构成严重威胁。如今，PFCs 对环境的污染和对人体健康的影响已成为当前研究的热点之一。

1.2.1 水体中 PFCs 的污染特征

目前，国内外对环境中 PFCs 含量的调查主要集中在水环境。从表 1.2 可以看出，PFOS 和 PFOA 是水环境中主要的 PFCs。就我国而言，在受污染的地表水体中检出率较高的 PFOS 和 PFOA 一般可达到 ng/L 水平[18]。例如，Sun 等[19]对中国上海市地表水中的 PFCs 含量进行检测，ΣPFCs 最大含量为 362.37ng/L。相关研究还表明，地下水中 PFCs 的污染程度与季节变化存在一定的关系。Liu 等[20]指出，雨季浅层地下水的 PFCs 浓度高于旱季，地下水位的变化导致地下水中 PFCs 浓度在时间和空间上的变化，两者基本呈现正相关。Wu 等[21]通过对中国观澜河水体研究发现，雨季的 PFCs 浓度水平也要明显高于旱季。

表 1.2 PFCs 在水环境中的质量浓度水平[22]

地点	样品数量	质量浓度/（ng/L）				
		PFOS	PFHS	PFOA	PFOSA	PFNA
日本东京湾	3	12.7～25.4	3.3～5.6	154.3～192	—	—
菲律宾苏禄海	5	< 0.017～0.11	< 0.0002	0.076～0.51	0.003	—
韩国海域	11	0.04～730	< 0.005～13	0.24～320	< 0.05～0.33	0.02～13
美国伊利湖	8	11～39	—	21～45	0.5～1.3	—
加拿大安大略湖	8	18～121	—	15～70	< 0.3～9.7	—
大西洋中部	3	0.04～0.07	0.003～0.004	0.1～0.15	0.003～0.004	—
中国香港沿海	6	0.09～3.1	—	0.73～5.5	—	—
中国珠江	6	0.9～99	< 0.13	0.085～13	—	< 0.13～3.1
中国长江	11	< 0.01～14	< 0.005～0.40	2.1～260	—	< 0.0055

注：PFHS —perfluorohexane sulfonate，全氟己烷磺酸盐；PFOSA —perfluorooctane sulfonamide，全氟辛烷磺酰胺；PFNA —perfluorononanoic acid，全氟壬酸。

Saito 等测定了日本不同地区 142 个地表水样品中的 PFOS 浓度[23]。结果表明，河水样品中 PFOS 的浓度变化范围为 0.3157～157ng/L，其中值是 1.68ng/L，明显高于近岸海水样品变化范围 0.2～25.2ng/L（中值是 1.21ng/L）。Hansen 等对氟化物制造企业附近的河水中 PFCs 浓度检测表明[24]，能够检测到 ng/L 级的 PFOS 存在。Zhu 等对中国大凌河研究发现，在夏季该流域ΣPFCs 高达 9.54ng/L，主要污染物为 PFBA、PFBS 和 PFOA，在 4 个采样季节中对ΣPFCs 贡献率超过了 90%。这与其沿河城市阜新市 2 个氟化工园区的排放有直接关系[25]。这些研究为阐明 PFCs 随地理位置的分布和氟化合物企业生产对环境中氟化合物的贡献提供了有力支持。

此外，Simcik 等对城市和城市偏远地区地表水中 PFCs 的研究显示[26]，城市地表水中 PFOS 和 PFOA 的浓度水平分别在 2.4～47ng/L 和 0.45～19ng/L 范围，显著高于城市偏远地区地表水中 PFOS 和 PFOA 的浓度水平。金一和等[27]对中国部分城市自来水、海水和远离人类活动地区的水体中 PFOS 的污染情况进行调研，结果发现其浓度大多低于 1.0ng/L，而受生活污水和工业废水污染的水体中 PFOS 浓度为 1.50～44.6ng/L。周珍等对中国武汉市某污水处理厂附近水体的研究表明[28]，PFOA、PFBA 和 PFBS 等 PFCs 检出率较高，最高浓度分别可达 285ng/L、5780ng/L 和 3800ng/L。

目前的研究已显示，污水处理厂的排水已成为 PFOS 和 PFOA 进入天然水体等自然环境的一个重要途径。Boulanger 等的研究也表明，污水处理厂的出水中 PFOS 和 PFOA 浓度分别为（26±2.0）ng/L 和（22±2.1）ng/L[29]。而在 Sinclair 等的研究中，污水处理厂出水中 PFOA 的浓度高达 58～1050ng/L，PFOS 的浓度则为 3～68ng/L。对其中 2 个水厂的 PFCs 进出水浓度进行了分析，发现 PFOS 和 PFOA 的浓度经处理后升高，说明有部分 PFOS 和 PFOA 的前体物经处理后转化为 PFOS 和 PFOA[30]。

综上，工农业活动是水体中 PFCs 的主要来源，废水被直接排放到河流、湖泊中，而水体中的 PFCs 会随着蒸发作用进入大气中，也会迁移到地下水中[31]。同时，水生生物因受 PFCs 暴露影响而直接摄入，使之进入生物链循环，PFCs 会被动植物摄食和吸收进而通过食物链进入人体。

1.2.2 大气中 PFCs 的浓度水平

PFCs 都是极性和水溶性较大、蒸气压和挥发性较小的化合物，不易挥发进入大气中，但研究显示，它们能够表现出只有挥发性和半挥发性物质才有的长距离传输性，从而在全球范围内的众多国家和地区甚至是北极地区均有存在。目前对此现象的一种主要解释是：长距离传输性是由许多挥发性较强的前体化合物如全氟辛烷磺酸酯、全氟辛烷磺酰胺和全氟辛烷磺酰氨基乙醇等的长距离传输造成的。到目前为止，有关大气环境中 PFCs 的研究主要集中在 PFOA 和 PFOS 的母体物质如 8:2FTOHs 氟调聚醇、NEtFOSA（*N*-ethyl perfluorooctane sulfonamide）等。研究表明，这些母体物质可以在大气中进行远距离迁移并转化为 PFOS 和 PFOA。

有关大气中 PFCs 的研究则主要集中在颗粒物和降水中。从全球范围来看，大气中 PFCs 主要分布在人口稠密和工业发达区域，且城市区域的浓度分布显著高于乡村，陆地区域高于海洋[32]，降水可能是造成大气中 PFCs 浓度季节性差异的主要原因。Ge 等[33]在对日本金泽市大气颗粒物中 PFASs 的含量分布研究发现，大气中的 PFCs 主要以 PFOA、全氟壬酸（PFNA）和全氟癸酸（PFDA）为主。大气颗粒物中的粗颗粒物中 PFOS 质量分数最大，而超细颗粒物中全氟羧酸（PFCAs）的质量分数最大。Stock 等发现加拿大 Cornwallis 岛大气颗粒物中 PFOS 和 PFOA 的平均浓度分别为 5.9pg/m^3 和 1.4pg/m^3[34]。日本城市和农村空气颗粒物中 PFOS 的年平均浓度分别为 5.3pg/m^3 和 0.6pg/m^3[35]。Chen 等发现中国辽宁阜新氟工业区大气中离子型 PFCs 含量为（4900±4200）pg/m^3，其中 PFBA 和 PFOA 的含量占整体离子型 PFCs 含量的 79%[36]。

由于降水是反映大气状况的一个特征指标，降水中的污染水平能及时反映大气污染的状况。Scott 等对北美 9 个地区的降水样品进行了采样分析，其中位于加拿大 3 个偏远地区的 PFOA 浓度最低（< 0.1～6.1ng/L），在美国东北部的 4 个采样点和加拿大南部 2 个城市采样点发现高浓度的 PFOA，其中美国东部的特拉华州浓度最高（平均达 85ng/L，范围为 0.6～89ng/L），并在所有 4 个美国位点和 2 个加拿大城市位点都检测到 FTCAs 和 FTUCAs（< 0.07～8.6ng/L）[37]。Young 等对只受大气沉降影响的高海拔冰帽的表层及深层积雪进行了研究，发现其中 PFOA 和 PFOS 的浓度分别为 12～147pg/L 和 2.6～

86pg/L[38]，进一步说明母体物质在大气中的迁移转化是造成 PFOA 和 PFOS 全球性污染的重要原因。

此外在家庭室内的空气也存在 PFOS 和 PFOA 的污染，如表 1.3 所示，其中 Moriwaki 等对日本家庭室内的 PFOS 和 PFOA 浓度进行了测定[39]，结果表明其浓度范围依次是 11～2500ng/g 和 70～3700ng/g；而在英国的研究表明，儿童教室内含有高浓度的 PFOS（85～3700ng/g）。由这些研究可见，吸附在空气尘土表面的 PFOS 和 PFOA，是人体暴露 PFOS 和 PFOA 的重要途径之一。

表 1.3 全球部分国家人居微区域环境中 PFOS 和 PFOA 的含量变化范围[22]

国家	微环境	样本数	PFOS 中值（范围）（干重）/（ng/g）	PFOA 中值（范围）（干重）/（ng/g）	参考文献
日本	住宅	16	25（11～2500）	165（70～3700）	[39]
加拿大	住宅	67	38（2～5700）	20（1～1230）	[40]
美国	住宅+托儿所	102+10	201（9～12100）	142（10～1960）	[41]
瑞典	住宅	10	39（15～120）	54（15～98）	[42]
瑞典	公寓	38	85（8～1100）	93（17～850）	[42]
英国	幼儿园教室	—	1200（85～3700）	220（42～640）	[43]
瑞典	办公室	10	110（29～490）	70（14～510）	[42]

1.2.3 沉积物及污泥中 PFCs 的浓度水平

与水体和大气中 PFCs 污染检测相比，河流与浅海沉积物、污水处理厂污泥和家庭污水污泥等固体介质中这些污染物浓度及分布的研究相对滞后。但这并不表明这些固体介质中没有 PFCs 的污染。一般而言，沉积物中的 PFCs 浓度要比污泥中低，不同地区沉积物中所含有的主导 PFCs 有所不同，这可能与沉积物中的有机质含量及水体中 PFCs 浓度有直接关系。Wang 等人对中国福建省九龙江水体、沉积物及鱼中 PFCs 进行了分析，PFCs 在水中、沉积物、鱼的肌肉和肝脏组织中的变化范围分别为 2.5～410ng/L，0.24～1.9ng/g（干重），25～100ng/g 和 35～1100ng/g（湿重）。PFOA 和 PFOS 是沉积物和鱼组织中的主要检出化合物。进一步研究表明旱季 PFCs 含量显著（$P<0.01$）高于正常季和丰水期，PFCs 的 K_d 值能够随碳链长度的增加而增加，其中全氟烷基磺酸（PFSAs）的 K_d 值高于全氟烷基羧酸（PFCAs），表明 PFSAs 更易于被沉积物吸附[44]。

Becanov 等人对捷克的莫拉瓦河流域一个工业区的五个采样点进行了为期一年的河床沉积物样品分析。PFSAs 和 PFCAs 在沉积物中的含量最高达 6.8μg/kg，主要是短链全氟化碳（C_6 至 C_8），其水平与欧洲其他地区河流流域中发现的水平相似。研究表明 PFCs 的含量与有机碳含量相关[45]。

一项对挪威、丹麦、瑞典、芬兰、冰岛及法罗群岛地区污泥和沉积物中 PFCs 的研究显示，PFOS 是这些地区污泥样品中的主要 PFCs，浓度范围为 150～3800pg/g（湿重）[46]。芬兰沉积物样品中 PFCs 的总浓度最大，达 1150pg/g，挪威次之，其他地方基本都低于检测限。在加拿大 3 个北极湖（Amituk、Char、Resolute）中，Resolute 湖沉积物中的 PFCs 主要以 PFOS 为主，表层（0～1cm）含量约为 85ng/g（干重），PFOA 的含量为 7.5ng/g（干重）。Amituk 和 Char 湖沉积物中的 PFCs 主要以包括 PFOA 在内的全氟羧酸盐（perfluorinated carboxylates，PFCAs）为主，但总含量则要比 Resolute 湖小很多，这与湖泊水体中 PFCAs 浓度水平有一定的相关性[34]。北美安大略湖沉积物中的 PFCs 以 PFOS 为主，表层含量为 28ng/g（干重），比 Amituk 和 Char 湖中 PFOS 最大值分别高 1 和 3 个数量级。其中 PFOA 含量为 4.8ng/g（干重），同样也比 Amituk 和 Char 湖表层沉积物中含量高，但比 Resolute 湖［6.8ng/g（干重）］低。Nakata 等对日本 Ariake 海中持久性有机污染物的污染调查显示[47]，沉积物中 PFCs 的浓度［PFOS 和 PFOA 分别为 0.11ng/g 和 0.95ng/g（干重）］要远远低于 PCBs［18ng/g（干重）］、TBT［7.7ng/g（干重）］和 PAHs［336ng/g（干重）］等，并且潮汐带底栖生物中 PFOS 浓度［0.61ng/g（湿重）］也远低于其他几种污染物［PCBs、TBT 和 PAHs 分别为 52ng/g、67ng/g 和 6.7ng/g（湿重）］，说明沉积物可能不是 PFCs 主要的最终归宿，而水相可能是其最主要的潜在归宿。

高燕等[48]人在中国东海采集了 71 个海洋沉积物样本，检测到 PFBS、PFHxS、PFOS、PFHpA、PFOA、PFNA、PFDA、PFUnDA、PFDoDA 九种 PFCs，PFCs 的检出率为 100%，其总浓度（Σ9 PFCs）范围为 0.03～1.77ng/g（干重），PFOA 浓度范围为 nd[1]～0.87ng/g（干重），PFOS 浓度范围为 nd～0.89ng/g（干重）。总体看来，距离陆地越近海洋沉积物中 PFCs 浓度越高，在同一条航线上距陆地越远浓度越低，表明沿海及河流流域 PFCs 的引入是海洋沉积物污染的直接来源。

[1] nd 表示未知。

1.2.4 野生动物体内 PFCs 的浓度水平

有关 PFCs 在生物体内暴露水平的研究已有大量报道，这些研究多集中于肝脏、血液、血浆、血清、肾、脾、卵、鲸脂、肌肉、子宫和脑等中。Kannan 等[49]调查了美国 21 种食鱼鸟类中 161 个肝脏、肾、血液和卵黄样品，结果表明，血清中 PFOS 的平均浓度达 3～34ng/mL，在肝脏中的最高浓度达 1780ng/g。Blake 等[50]研究了荷兰海豹肝脏、肾，鲸脂和脾组织中的长链 PFCAs 和短链 PFAs 以及 PFBS 和 PFBA 的污染情况，结果显示，在所有的样品中 PFOS 为主要化合物，但是各组织间差别很大。Keller 等[51]分析了美国东南部海岸 2 种幼年龟血浆中的 PFOS 和 PFOA 浓度,其中 PFOS 分别为 11.0ng/mL 和 39.4ng/mL，PFOA 浓度分别为 3.20ng/mL 和 3.57ng/mL，PFCs 在幼龟体内的生物蓄积受到种类、年龄和栖息地的影响。在对韩国和日本的水鸟肝脏组织的检测中发现，其中 95%样品中 PFOS 和 PFOA 的浓度高于 10ng/g，最高的 PFOS 和 PFOA 浓度分别是 650ng/g 和 215ng/g，没有发现在水鸟体内存在浓度与性别或年龄的关系[52]。据 Taniyasu 等[53]研究报道，来自日本海域的鱼的血液和肝脏的 78 个样品中均发现 PFOS 的存在。

Tomy 等[54]分析了北极东部海洋食物网中 PFOS、PFOA、PFOSA 和 *N*-EtPFOSA 的生物积累的程度。结果表明所有物种中均检测到 PFOS，在蛤蜊中平均浓度为 0.28ng/g（湿重），在北极鸥中平均浓度为 20.2ng/g（湿重，肝脏）。在所分析的样品中，大约 40%的物种检测到 PFOA，但其浓度均小于 PFOS，在浮游动物中浓度最高（2.6ng/g，湿重）。除了红鱼外，首次检测到的 *N*-EtPFOSA 的平均浓度从混合浮游动物中 0.39ng/g（湿重）到北极鳕鱼的 92.8ng/g（湿重）不等。PFOSA 仅在白鲸（20.9ng/g，湿重）和独角鲸（6.2ng/g，湿重）的肝脏中检测到，Tomy 等[54]认为 *N*-EtPFOSA 和其他可能存在的 PFOSA 类型的前体，能够被生物转化为 PFOSA。此外还发现 PFOS 浓度（湿重）与营养级（TL）呈显著正线性关系（$r^2 = 0.51$，$p < 0.0001$），营养级放大因子为 3.1。当海鸟和海洋哺乳动物中的 PFOS 达到 PFOS 的肝脏浓度时，PFOS 在北极海洋食物网中表现出生物放大现象。Fair 等[55]于 2003—2005 年，在美国东南大西洋两个地点采集了 157 只宽吻海豚的血浆进行了 PFCs 的监测，结果表明 PFOS 是主要的检出化合物，PFCs 水平随着年龄的增长而降低。且发现不同海豚种群的蓄积量受特

定暴露点的影响。表 1.4 是 PFCs 在动物血液和肝脏中的浓度。

表 1.4 PFCs 在动物血液和肝脏中的浓度

动物	地点	数量	质量浓度/[ng/mL]或质量比/[ng/mL 湿重]					参考文献
			PFOS	PFHS	PFOA	PFOSA	PFNA	
海豚[A]	意大利	4	42～210	<1～6.1	<2.5～3.8	190～270	—	[56]
秃头鹰[A]	太平洋	4	30～2220	—	—	—	—	[57]
大熊猫[A]	中国	9	0.76～19	—	0.32～1.56	—	—	[58]
小熊猫[A]	中国	27	0.8～73.8	—	0.33～8.2	—	—	[58]
海龟[B]	美国	73	1.4～97	<0.05～8.1	0.5～8.1	<0.06	<0.1～6.5	[59]
沙丁鱼[B]	日本	2	38～192	<LOD～11	—	—	—	[60]
斑海豹[B]	丹麦	75	10～130.5	0.7～2.0	—	0.6～3.5	1.4～7.5	[61]
斑海豹[B]	荷兰	24	46～499	—	<LOD	—	<LOD～14	[63]
水貂[B]	美国	112	47～5140	<4.585	<4.5～27	<75～590	—	[62]
信天翁[B]	太平洋	8	3～34	—	—	—	—	[57]
北极熊[B]	美国	70	137～1130	—	<1～13	—	3.9～232	[64]

注：上标 A 为血液中 PFCs 浓度，ng/mL 为血液中浓度单位；上标 B 为肝脏中 PFCs 浓度，ng/g（湿重）为肝脏中浓度单位。

除了欧美、日本一些发达国家和地区外，近年来中国也开始了这方面的研究和探索。Dai 等人[58]对中国 6 个省份动物园的大熊猫和小熊猫血清中 PFOS 和 PFOA 的存在水平进行研究。结果表明，PFOS 是所有熊猫样品中的主要检出化合物（小熊猫为 0.80 ~ 73.80μg/L，大熊猫为 0.76 ~ 19.00μg/L）；小熊猫的 PFOA 含量为 0.33 ~ 8.20μg/L，大熊猫的 PFOA 含量为 0.32 ~ 1.56μg/L。大熊猫血清中 PFOS 和 PFOA 的浓度呈显著正相关。在熊猫血清中没有观察到年龄或性别相关的 PFCs 浓度差异，但从靠近城市或工业化地区的动物园中收集的个体体内的 PFCs 浓度高于其他地区。

Wang 等[44]人在对中国东南部亚热带河流九龙江的鱼类进行分析中发现 PFCs 在河流水体、沉积物及鱼类中分布广泛。鱼肌肉和肝脏中的 PFCs 浓度分别为 25～100ng/g（湿重）和 35～1100ng/g（湿重），平均浓度分别为 51ng/g 和 370ng/g（湿重）。PFOS 和 PFOA 是鱼类组织中的主要检出化合物，分别占总 PFCs 的 32%和 29%。所有鱼类样本中均未检出 PFHxA 和 PFDS。所研究鱼类组织中 PFCs 的浓度与 He 等[65]人在中国丹江口水库和汉江水域所研究的鱼体内肌肉组织中含量相当［2.0～44ng/g（湿重）］，和 Chen[66]等人研究太湖美梁湾水域鱼体肝脏中的含量相当［110～480ng/g（湿重）］。在我国广东省广州市和浙江省舟山市区域的软体动物、螃蟹、小虾等海洋样品中也检测到 PFOS 和 PFOA 的存在，其浓度范围为 0.3～13.9ng/g[56]。综上所述，PFOS 和 PFOA 在南北半球的野生动物体内都已存在，这充分说明两种化合物已成为全球分布的污染物。

1.2.5 人体中 PFCs 的浓度水平

PFCs 已呈现出全球范围的分布，必然会对人类安全产生影响，为了准确评价环境中 PFCs 对人体健康带来的影响，目前国内外研究人员已开展了大量关于 PFCs 在人体中暴露水平的研究（如表 1.5 所示）。Olsen 等[67]检测了从美国 6 个红十字会血液收集中心获得的 645 个捐献的成人血清样品，结果发现男性血清 PFOS 浓度的几何平均值为 37.8μg/L（95%置信区间为 35.5～40.3μg/L），要高于女性（几何平均值为 31.3μg/L，95%置信区间为 30.03～34.3μg/L）。So 等[68]的研究显示，人的母乳中 PFOS 浓度范围为 45～360ng/L，PFOA 浓度范围为 47～210ng/L，PFCs 的各类化合物在统计学上具有相关性。Pérez 等对来自西班牙塔拉戈纳的 20 名受试者（尸体）开展了 99 份人体组织样本（大脑、肝脏、

表 1.5 PFCs 在人体血液中的质量浓度[22]

国籍	样品数量	质量浓度/（ng/mL）					参考文献
		PFOS	PFHS	PFOA	PFOSA	PFNA	
美国	175	< 1.3～164	< 1.3～32	< 3～88	—	—	[72]
哥伦比亚	56	4.6～14	< 0.4～0.9	3.7～12.2	< 0.4～5.6	—	[72]
巴西	29	4.3～35	< 0.6～15	< 20	< 0.4～2.3	—	[72]
意大利	50	< 1～10.3	< 1～2.1	< 3	< 1.3～2.3	—	[72]
德国	105	6.2～130.7	—	1.7～39.3	—	—	[74]
瑞典	66	1.7～37	0.4～28.4	0.5～12.4	0.4～22.9	< 0.1～0.6	[72]
韩国	50	3～92	0.9～20	< 15～256	< 0.1～7.2	—	[75]
中国	85	52.7	1.88	1.59	1.82	—	[76]
印度	45	< 1～3.1	< 1～2.9	< 3～3.5	< 3	—	[72]
澳大利亚	40	12.7～29.5	2.7～19	5～9.9	0.36～2.4	0.4～2.0	[73]
马来西亚	23	6.2～19	1.2～6.8	< 10	1.3～11	—	[72]

肺、骨骼和肾脏）中 21 种 PFCs 的浓度分析。研究表明 PFCs 在所有受试人体组织中均有发现。其中 PFBA 是肾脏和肺中浓度最高［中值：肾脏和肺分别为 263ng/g 和 807ng/g（湿重）］，PFHxA 在肝脏和大脑中浓度最高［中值：分别为 68.3ng/g 和 141ng/g（湿重）］，PFOS 和 PFOA 在肝脏和骨骼中更易被检出，PFOA 在骨中的中位数值能够达到 20.9ng/g（湿重）。综合而言，肺组织是积累的 PFCs 浓度最高的部位[69]。Midasch 等调查了德国的非吸烟人群血浆中 PFOS 和 PFOA 的浓度，结果显示男性比女性浓度高，PFOS 和 PFOA 有很好的相关性[70]。此外，在不同亲代之间（母体与胎儿）的研究结果显示[71]，在母体中能够检测到 PFOS 和 PFOA，其中母体中的 PFOS 浓度变化范围是 4.9～17.6ng/mL，PFOA 的浓度变化范围是 <0.5～2.3ng/mL，而胎儿体内仅监测到 PFOS，浓度变化范围是 1.6～5.3ng/mL，母体内的浓度与脐带血中的浓度有很好的相关性（$r^2 = 0.876$）。

近年来，国内针对人体 PFCs 的浓度水平也进行了相关研究。金一和等调查了沈阳市男女血清中 PFOS 浓度几何均数分别为 40.73μg/L 和 45.46μg/L，血清中 PFOS 浓度与年龄无关，且高于美国人和日本人血清中的浓度水平[77]。此外 Pan 等对中国 12 省 12 市的 233 份人体的全血样本进行了研究。结果表明，PFOS 是主要的 PFCs 存在形式，PFOS 的平均浓度为 3.06～34.0μg/L，占 PFCs 总量的 54%～87%[78]。Feng 等对中国山东省桓台县部分人群的晨尿和头发样本进行检测发现，尿液中 PFOA 浓度和半衰期预测的血清中 PFOA 浓度与实测值接近，表明当地居民存在明显的 PFOA 内暴露。此外在人的头发中检测到 17 种全氟烷基物质，其组成与人血清中相似，这暗示头发中的全氟烷基物质水平可作为长链全氟烷基物质的良好非侵入性指标[79]。

到目前为止，有关 PFCs 是如何进入人体的，还不能给出非常明确的答案。不过，大部分学者认为 PFCs 可通过膳食摄入、职业暴露、呼吸及接触含有 PFCs 的灰尘等多种途径进入人体内。比如全氟羧酸阴离子（PFCAs）的人体暴露可能来自不同的途径：直接（工业产品）或间接（有机氟化物前体的降解）（见图 1.2）。在具体的研究中，Zhang 等在中国南昌对 245 份来自 0～90 岁献血者的人体血液（全血）样本进行了 10 种 PFCs 监测分析。结果表明 PFOS 和 PFOA 是受试血液样品中含量最高的全氟化合物。非成人（即婴儿、幼儿、儿童和青少年）的 PFOS 中位数浓度（2.52～5.55ng/mL）低于成人（8.07ng/mL）。然而，非成人 PFOA 的中位浓度（1.23～2.42ng/mL）高于成人（1.01ng/mL）。

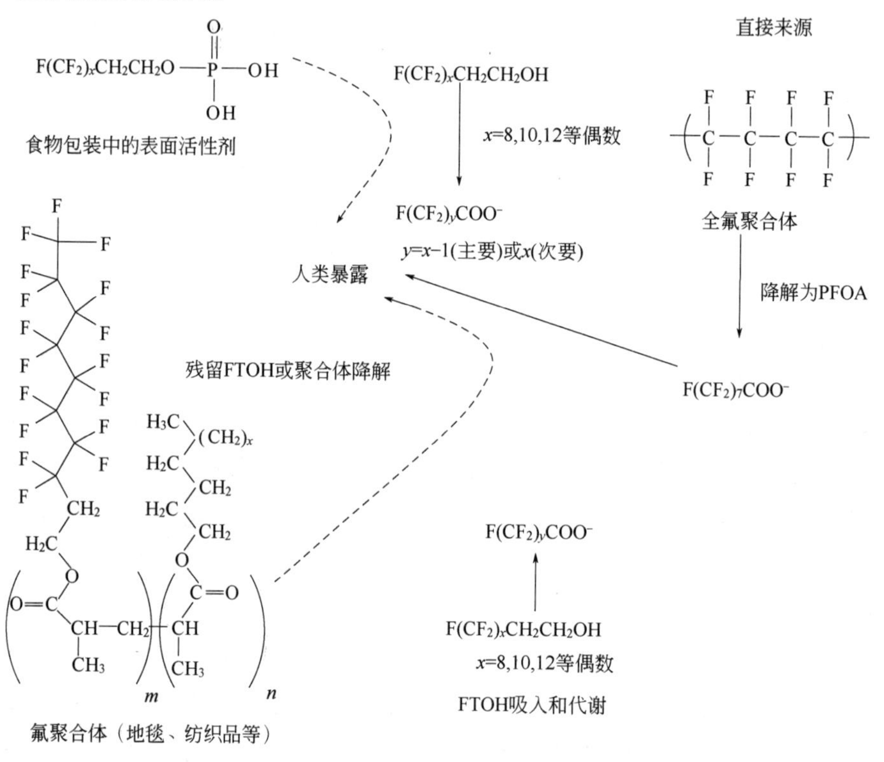

图 1.2 全氟羧酸阴离子（PFCAs）的人体暴露可能的不同途径[80]

所有年龄的 PFCs 浓度没有显著的性别差异。模拟的 PFOS 日摄入量与通过饮食和室内粉尘计算的日摄入量非常吻合［男性为 0.74 和 1.19ng/kg（以体重计），女性为 1.20 和 1.15ng/kg（以体重计）］，表明饮食摄入和粉尘摄入可能是中国人 PFOS 暴露的主要途径[80,81]。Su 等的研究进一步证明了这种观点，研究首次对中国某氟化工园区周边的家养鸡蛋和附近超市售卖的商品化鸡蛋进行检测分析，结果表明在所有受试鸡蛋样品中均检测到 PFBA。家养鸡蛋以 PFOA 和 PFBA 为主，商品化鸡蛋以 PFOA、PFBA 和 PFOS 为主。就 PFOA 而言，在距离氟化工园区约 2 公里的家庭中，成人的日摄入量（EDI）为 233ng/kg（以体重计），儿童的日均摄入量为 657ng/kg（以体重计）。儿童通过家养鸡蛋摄入的 PFOA 的 EDI 超过了参考剂量值［333ng/kg（以体重计）］[82]。

1.3 PFCs 在环境中的迁移转化行为

1.3.1 大气环境中的转运转化过程

一般认为，PFOS 和 PFOA 进入大气环境有 2 种途径[83]：含氟化合物的降解，PFOS、PFOA 直接排放到大气环境中。进入大气环境的 PFOS 和 PFOA，不易降解，可远距离进行迁移或转运，并随干湿沉降到达地面或进入水体或进入土壤。Wallington 等首次用三维地球大气化学模型研究、描述 n-$C_8F_{17}CH_2CH_2OH$ 降解为 PFOS 和其他全氟羧酸化合物（PFCAs）的过程[84]。Loewen 等对加拿大温尼伯湖和马尼托巴湖地区大气环境中 PFOS 的转运转化过程进行了研究[85]，推测大气中 FTOHs($C_nF_{2n+1}CH_2CH_2OH$)可能通过氧化和湿沉降转化为 FTCAs($C_nF_{2n+1}CH_2COOH$，n = 6, 8, 10)和氟调聚物不饱和羧酸 FTUCAs($C_nF_{2n}CHCOOH$, n = 6, 8, 10)，之后 FTCAs 可降解为 PFOS。Verreault 等也认为，大气中氟调聚物 FTOHs 可氧化为 FTCAs 和 FTUCAs，FTOHs 在大气中去处的一个可能途径是氧化和湿沉降转化为 PFOS[86]。一些研究指出，低纬度地区大气中的 N-乙基全氟辛烷磺酸氨基乙醇化合物（N-EtFOSE）和 N-乙基全氟辛烷磺酸氨基乙酸盐化合物（N-EtFOSA）是形成 PFOS 和全氟羧酸化合物（PFCAs）的前体物质[87,88]。Martin 等利用烟雾室实验证实了大气中的全氟辛烷磺酸胺化合物[$C_8F_{17}SO_2N(R_1)(R_2)$]可以通过大气转运，具有氧化为 PFCA 和 PFOS 的可能性，能导致偏远地区的污染，并认为全氟化物挥发性前体物质可通过大气转运扩散到遥远的地区，然后沉降为不挥发性全氟化合物，这个过程导致对生物体的污染[89]。

Simcik 等的研究发现，随着与非大气污染源距离的增加，PFHpA/PFOA 浓度增加[26]。因此，他们认为 PFHpA/PFOA 可以作为大气中 PFCs 沉降为地表水的“示踪”指标。一般来说，城市的这个指标是 0.5～0.9，偏远地区这个指标为 6～16。根据这个指标，可知密歇根湖的 PFCs 污染途径主要是非大气途径，主要污染源为废水处理厂排出的废水。大气中挥发性全氟化合物沉降到湖泊的表面使这个指标升高，但是这个指标的微小变化需进一步研究。

1.3.2 水环境中的迁移转化过程

不仅在大气中，在水环境中也广泛地检测到了 PFCs 的存在，如地表水、饮用水、海洋。因此在水生生物，如一些鱼类、贝类，也相应检测到了 PFCs。现在广泛研究的是 PFOS 的前体化合物降解为 PFOS 的途径[90,91]，以及这些化合物进入水环境后在水生生物体内的蓄积。在全球范围内，调查 PFOA 与 PFOS 的存在水平，工业发达的城市或地区的河流、内湾与沿岸海域的 PFOA 与 PFOS 浓度要比开放海域水体中的浓度高得多，如太平洋水体中 PFOA 与 PFOS 的浓度要比东京湾低（表 1.6）。金一和等对松花江水体进行了水质检测，以探究吉林石化爆炸事件对松花江水质的污染影响。调查结果显示，PFOS 的检出率为 100%，说明了松花江水中存在 PFOS。水环境中的 PFOS 易于被沉积物所吸附，从而影响其随水迁移。PFOS 能在固体介质上吸附，这种吸附随溶液[Ca^{2+}]增加而增加，随 pH 降低而增加，表明静电作用在吸附过程中起着重要作用，碳链的长度作为主要的结构特点影响吸附，这些数据可以用来模拟该类污染物的环境归宿[27]。

表 1.6 PFCs 在水环境中的质量浓度水平

地点	质量浓度/(ng/L)		
	PFOA	PFOS	数据来源
莱茵河	<2～9	<2～6	[92]
中国吉林、辽宁、山东部分地表	—	0.41～4.20，最高可达 44.6	[27]
德国鲁尔地区	519（最高值）	22（最高值）	[92]
中国香港沿海	0.73～5.5	0.09～3.1	[93]
韩国沿海	0.24～320	0.04～730	[93]
中国珠江三角洲及其南部海域	0.24～16	0.02～12	[93]
东京湾	1.8～192	0.338～58	[94]
西太平洋	0.100～0.439	0.0086～0.073	[94]
太平洋中部至东部深海	0.045～0.056	0.0032～0.0034	[94]

1.3.3 污水污泥中的转运转化过程

在水环境中，现在广泛研究的是 PFOS/PFOA 的前体化合物降解为

PFOS/PFOA 的途径，以及这些化合物进入水环境后在水生生物体内的蓄积，没有发现 PFOS/PFOA 在水环境中降解的报道。最近有研究[30]认为，污水处理厂作为 PASs 进入自然环境中的一个途径，PFOA 和 PFOS 在污水处理厂出水中存在，其浓度分别为 58～1050ng/L 和 3～68ng/L。在污水及污泥中，PFOA 浓度有所降低，PFDA 和 PFUnDA 浓度有所升高，表明了长链 PFCAs 优先分离，说明传统的废水处理并没有除去 PASs。Wang 等也发现[95]，在废水处理厂，微生物对 FTOHs 降解没有发生 *α*-氧化，对 ^{14}C-8：2 FTOH 全氟碳键有脱氟和矿化作用，形成较短碳链的代谢物。Boulanger 等则认为[29]，污水处理厂在污水处理过程中能够形成部分 PFOS 和 PFOA，但是与污水中原有 PFOS 和 PFOA 的残留相比，通过生物代谢产生的 PFOS 和 PFOA，并不是其主要的污染源。Wang 等对好氧条件下生活污水处理厂的污水污泥进行研究[96]，结果表明全氟烷基酸化合物如全氟辛酸只占到转化产物的一小部分，8：2 调聚物 B 乙醇（8：2 TBA）存在多种降解途径，不是单一的 *β*-氧化或其他酶催化反应。另据报道，生活污水及污泥中 *N*-乙基全氟辛基磺酰胺乙酸（*N*-EtFOSAA）和甲基全氟-1-辛基磺酰胺乙酸（*N*-MeFOSAA）可能通过生物降解，转化为 PFOS[59]。

进入水环境中的 PFOS 和 PFOA 易于被沉积物所吸附，从而影响其随水迁移。沉积物中的有机碳是影响其吸附全氟化合物的主要参数，这表明 PFOS 和 PFOA 疏水性的重要性。PFOS 和 PFOA 能在固体介质上吸附，这种吸附随溶液[Ca^{2+}]增加而增加，随 pH 降低而增加，表明静电作用在吸附过程中起着重要作用，碳链的长度作为主要的结构特点影响吸附，这些数据可以用来模拟该类污染物的环境归宿[97]。贾成霞等分析认为，沉积物中的有机碳与 PFOS 在沉积物中的吸附量成正相关，并且在酸性和碱性条件下，pH 升高使 PFOS 在沉积物中吸附量有增加的趋势，在中性条件下吸附量最小[98]。

1.3.4 生物富集、代谢转化与降解过程

近年来的研究表明，PFOS 和 PFOA 可以通过食物链的传递在高营养级生物体内蓄积。然而值得关注的是，PFOS 和 PFOA 并不遵循在许多持久性有机污染物中常见的“经典”模式，即先分裂成脂肪组织，然后聚积。这是因为 PFOS 和 PFOA 既疏水又疏脂。取而代之的方式是 PFOS 和 PFOA 会优先黏附在蛋白

质上，在血浆中黏附在如白蛋白和脂蛋白上[99]，在肝脏中黏附在如肝脏脂肪酸结合蛋白上[100]。由于 PFOS 和 PFOA 独特的物理化学特性，其生物蓄积机制可能与其他持久性有机污染物不同。

根据经合组织实验计划 305 展开的研究对蓝旗太阳鱼（*Lepomis macrochirus*）的生物蓄积性进行了测试，整条鱼的动能生物浓缩系数（BCFK）被确定为 2796[101]。Martin 等人的研究显示 PFOS 在虹鳟鱼（*Oncorhynchus mykiss*）的肝脏和血浆中的生物浓缩系数（BCF）分别被估计为 2900 和 3100[102]。

Boulanger 等的研究表明，在濒临人群密集地区和工业地区中的水生动物体内 PFOS 浓度要高于偏远海洋地区，以鱼类为食的动物，例如，水貂和秃鹰体内的浓度比它们食物中的浓度要高[87]。Verreault 等对挪威北极海鸥血浆、肝脏、脑和卵中 PFAS 的积累特性进行了研究[86]，表明 PFOS 是 PFAS 的主要形式，最高浓度（349ng/g）出现在血浆中，然后是肝脏≈卵>脑，并在体内存在潜在蓄积作用。Nakata 等[7]研究表明，通过海岸食物链发生 PFOS 生物浓缩，在潮汐滩地的生物体和沉积物中 PFOA 是主要 PFCs，水相是 PFCs 主要聚集场所之一，这与非极性有机污染物不同。

研究数据显示，高营养级动物中的 PFOS 浓度要高于低营养级动物，说明生物放大性在发生作用。例如，以浮游食物网为基础的 PFOS 营养放大系数（TMF）为 5.9。该浮游食物网包括：一种无脊椎生物——糠虾，两种饵料鱼——银虹鱼和灰西鲱，和一种主要肉食鱼类——湖红点鲑。湖红点鲑的生物蓄积系数被确定为大约 3[102]。

Morikawa 等人指出，海龟也有很高的生物蓄积性[103]。Tomy 等人的研究结果说明，东部北极海洋食物网中（考虑海鸟和海洋哺乳动物肝脏中的 PFOS 浓度）PFOS 被生物放大了[104]。Houde 等人在大西洋宽吻海豚的食物网中也发现了 PFOS 生物放大现象[105]。Tomy 等研究全氟化合物在北冰洋生物圈内富集现象，表明 PFOS 浓度和营养级水平成正相关，在所研究的食物链中呈现生物放大现象，TMF 范围 0.4～9，如图 1.3 所示[104]。

Bossi 等人的研究进一步支持了生物放大作用的存在。他们对从格陵兰和法罗群岛采集的鱼类、鸟类和海洋哺乳动物肝脏样本中的 PFOS 和相关化合物进行了初步筛选。在所分析的生物群中，PFOS 是主要的含氟化合物，之后是全氟辛烷磺酰胺（PFOSA）。对格陵兰岛的样本的研究结果显示了在海洋食物链中

PFOS 的生物放大性（短角床杜父鱼<环斑海豹<北极熊）[106]。

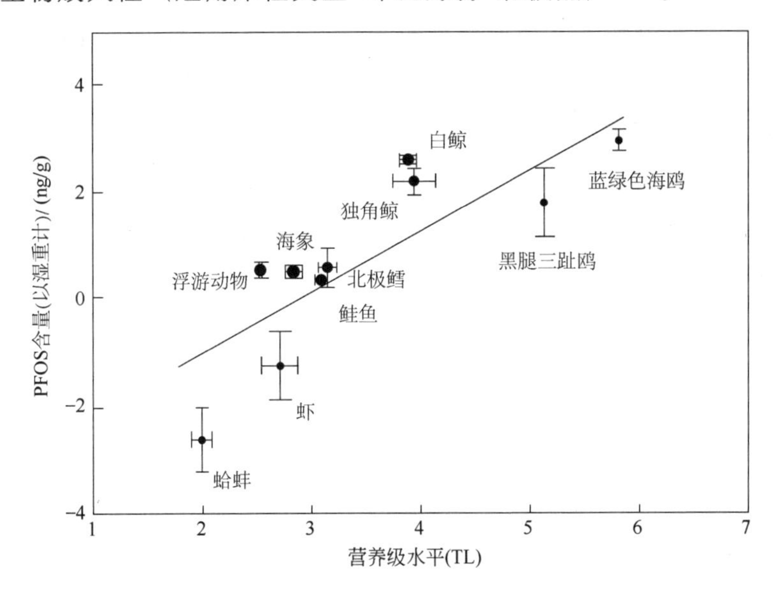

图 1.3 PFOS 在不同营养级中生物体内的平均浓度

生理代谢研究表明，雄雌鼠血浆中的浓度与空气中的浓度成比例，但是雌鼠血浆中的 PFOS 的消除速度比雄鼠快，雌性小鼠血浆生物半衰期大约 3h，雄鼠血浆生物半衰期大约 1d。吸入 PFOS 的代谢动力学与口腔填食的代谢动力学相似，鼠通过吸入途径暴露在 $1mg/m^3$、$10mg/m^3$、$25mg/m^3$ 的 PFOS 约相当于通过口腔填食途径暴露的 0.3mg/kg、1.0mg/kg、2.0mg/kg[107]的 PFOS。加利福尼亚海岸 80 个成年雌性水獭肝脏组织样品中，PFOS 和 PFOA 浓度范围分别是 < 1～884ng/g 和 < 5～147ng/g，从 1992—1998 年 PFOS 呈现增长趋势，2002 年以后出现降低趋势[108]。3～5 周的年龄段的小鼠,随年龄增长体内 PFOS 浓度减少，但是在 30d 以后这种趋势发生变化[109]。

N-取代的全氟辛烷磺酸氨的氮被取代后被认为能够降解为 PFOS，会导致 PFOS 在环境中积累。如 *N*-乙基全氟辛烷磺酰胺乙醇（*N*-EtFOSE）是 PFOS 的主要前体，存在几种假定的生物代谢途径，包括肝脏微粒体、胞液和肝脏切片的代谢，微粒体加强 NADPH 催化 *N*-EtFOSE 进行氮上的脱乙基化，再通过 *N*-脱烷基化降解转化为 FOSA，FOSA 在肝脏切片中生物转化为 PFOS，雄鼠的 P450 2C11 和 P450 3A2 以及人的 P450 2C19 和 3A4P5 催化 *N*-脱烷基化反应[110]。

检测大西洋海豚血浆中 8 种 PFAS，PFOS 是主要的组成部分，在海豚血浆中检测到 FTUCAs（氟调物不饱和羧酸），怀疑能降解为 FCAs[111]。Tomy 等[112] 对彩虹鳟鱼孵卵期肝脏微粒体中 *N*-EtPFOSA 的生物转化进行了研究，结果表明，染毒后的彩虹鳟鱼肝脏中 PFOS 和 PFOSA 量随着孵卵期而增加，*N*-EtPFOSA 转换为 PFOS 可能有 3 种途径：①伴随砜基转化为磺酸盐的脱乙基氨化作用，*N*-EtPFOSA 直接转化为 PFOS；②通过脱乙基化作用，EtPFOSA 转化为 PFOSA，然后脱氨基形成 PFOS；③*N*-EtPFOSA 的直接水解。

1.4 PFCs 的毒性

1.4.1 概述

自 20 世纪 90 年代在人体内发现 PFOS 以来，不同国家的科研机构就已积极开展含氟化物的毒性和生物代谢降解，尤其是致癌性的评估和实验研究，并取得初步结果。2002 年 12 月经济合作与发展组织（OECD）就将 PFOS 定义为“持久存在于环境、具有生物储蓄性并对人类有害的物质”。2006 年底欧盟通过《关于限制全氟辛烷磺酸销售及使用的指令》（2006/122/EC），旨在限制使用、销售 PFOS。同时指令指出，PFOA 被怀疑有与 PFOS 大致上相似的危害性，现仍在对其危险分析试验、替代品的实效性、限制措施进行评估。

实验证明，PFCs 可引起生物各个层次的效应，包括动物繁殖与生育能力的降低、影响胎儿的晚期发育、基因表达的改变、酶活性的干扰、影响线粒体功能、细胞膜结构的破坏、肝组织受损、甲状腺功能的改变、肝的增大和死亡率增加等。目前专家们普遍认为 PFCs 对实验动物具有甲状腺毒性、肝毒性、肾毒性、致癌性、神经毒性、生殖毒性和免疫毒性等。

1.4.2 急性毒性

PFOS 大鼠经口 LD_{50} 为 250mg/kg，吸入 1h 半数致死浓度（LD_{50}）为

5.2mg/L，属于中等毒性化合物[113]。短期大量暴露于PFOS，实验动物可出现明显的体重下降，胃肠道反应，肝中毒症状，甚至引发肌肉震颤和死亡。PFOA经口急性毒性较低，估计雄性和雌性大鼠的半数致死量（LD_{50}）分别为 >500mg/kg 或 250～500mg/kg。主要毒效应表现为颜面潮红，会阴部污垢，虹膜分泌增多，性功能障碍，步态蹒跚，眼睑下垂，竖毛，共济失调和角膜浑浊[114]。Olson 等采用 Fisher 大鼠研究 PFOA 的急性毒性表明 PFOA 可能为低毒[115]。

1.4.3 肝脏毒性

一些研究还发现，PFOS 和 PFOA 可以干扰染毒实验动物脂肪酸及其他配体与肝脏脂肪酸结合蛋白（L-FABP）的结合能力，影响脂肪酸的转移和代谢。雄性大鼠一次性腹腔注射 100mg/kgPFOS 或 PFOA 后，检测显示大鼠肝脏质量/体重比例和肝脏中酰基-CoA 氧化酶活性增强[116,117]。此外，PFOS 还能够导致肝细胞色素氧化酶、谷胱甘肽过氧化物酶和超氧化物歧化酶活性降低[118]。对暴露于 PFOA 的小鼠研究发现，PFOA 可导致肝脏过氧化物酶活性增强，提高肝脏中脂肪的代谢和利用率。

PFOA 对动物肝脏的损害比较明确。PFOA 有中等毒性的肝致癌性，会影响生物体脂类物质的代谢，抑制生物体免疫系统的功能。主要表现为：①引起肝癌；②增强肝氧化应激性，可进一步诱导肝癌的发生；③通过抑制脂肪酸与 L-FABP 的结合而引起肝损害；④引起肝过氧化物酶体增生，并导致过氧化物酶体增生激活受体 α（PPARα）的高表达，从而可诱发肝癌；⑤影响肝 CYP4A 亚家族 mRNA 的表达；⑥促进肝细胞凋亡，诱导线粒体调节途径和反应性氧类的参与；⑦抑制肝细胞间的通信，可诱发肝癌[119]。

1.4.4 神经毒性

采用 Wistar 大鼠，探讨 PFOS 低剂量长期经口染毒对大鼠海马细胞内游离钙离子浓度$[Ca^{2+}]I$ 的影响。结果 PFOS 染毒 2mg/kg、8mg/kg、32mg/kg 和 125mg/kg 实验组海马细胞$[Ca^{2+}]I$ 分别为（222.27±19.67）nmol/L、（244.29±19.07） nmol/L、(381.6±9.61) nmol/L 和 (528.27±15.51) nmol/L，显著高于对照组(141.3±12.70) nmol/L ($p < 0.01$)，并且海马细胞内[Ca^{2+}]I 随着 PFOS 染毒剂量的增加而升高 ($r = 0.929$，$p < 0.05$) [116]。PFOS 对大鼠中枢神经系统谷氨酸能神经元影响的研究显示:成年雄性 Wistar 大鼠 PFOS 经口一次染毒，实验组剂量分别为 50mg/kg、100mg/kg 和 200mg/kg，24h 后大鼠大脑皮层、海马、小脑中平均谷氨酸免疫反应阳性神经细胞 (Glu-IRPC) 阳性面积比、平均积分吸光度与对照组相比，明显升高且有统计学意义 ($p < 0.01$) [117]。推测 Glu 释放过多可导致兴奋性氨基酸受体 (EAAR) 过度激活，促使 Ca^{2+} 内流，使细胞内 Ca^{2+} 超载，引发自由基产生、代谢酶破坏、细胞膜损伤、细胞骨架的破坏和线粒体呼吸链中断等一系列病理改变，上述反应可能在 PFOS 引起大鼠神经毒性的机制中起重要作用。

1.4.5 心血管毒性

Harada 等利用全细胞膜片钳技术探讨 PFOS 和 PFOA 对豚鼠心室肌细胞动作电位 (AP) 和 L 型 Ca^{2+}通道电流 I (CaL) 的影响。结果显示，当 PFOS > 10mmol 时心肌细胞自律性降低，AP 时程缩短，峰电位减小。电压钳实验中，PFOS 可提高 I (CaL)，使非活性 L-型钙通道超极化而被激活。PFOA 可使豚鼠心肌细胞的自律性降低，动作电位时程缩短，峰电位减小。由此推测，PFOS 和 PFOA 可通过改变心肌细胞膜表面动作电位及钙离子通道，加速钙离子内流，导致细胞内的钙离子超载，损伤心肌[118]。

1.4.6 胚胎发育与生殖毒性

PFOS 对大鼠的胚胎发育毒性研究显示，新生仔鼠血浆中 PFOS 水平与孕鼠妊娠期间接触剂量成正相关。接触高浓度 PFOS (10mg/kg) 的孕鼠所生仔鼠在 30～60min 内出现皮肤苍白、衰弱、垂死症状，不久后全部死亡。5mg/kg 组幼仔同样出现垂死症状，但多在生存 8～12h 后死亡，95%以上的仔鼠生存时间不超过 24h。另外，雌性大鼠 (F_0) 在交配前一段期间内连续每日摄入 PFOS 后，即使孕期不再摄入 PFOS 也影响胎鼠的正常发育，活胎率显著降低。当母鼠孕前 PFOS 摄入剂量为 3.2mg/(kg·d)时，初生仔鼠（F_1）在出生后 1d 之内全部死亡。剂量降为 1.6mg/(kg·d)时，30%的仔鼠在出生后 4d 内死亡。怀孕大鼠在胚胎器官发生期（妊娠第 7～17d）连续每日摄入 PFOS 剂量大于 5mg/kg 时，出生仔鼠体重下降、甲状腺肿大、内脏器官畸形、骨骼成熟滞后或变形[120]。雌兔妊娠第 6～20d 期间连续每日摄入 PFOS＞2.5mg/kg，胎兔体重明显低于对照组，骨骼成熟过程滞后[121]。

1.4.7 遗传毒性与致癌性

利用分子生物学芯片检测技术研究给予不同剂量 PFOA[1mg/(g·d)、3mg/(g·d)、5mg/(g·d)、10mg/(g·d)或 15mg/(g·d)，连续 21d]对 Sprague-Dawley 大鼠基因表达的影响。取肝脏制备匀浆，利用 RNA 提取液进行基因分析。结果与对照组相比，PFOA 组超过 500 个基因表达异常。每天接触 10mg/kg 组表现出剂量依赖性，所有染毒组表现出平均 106 个基因表达水平的持续升高和 38 个基因表达水平的持续下降。基因表达增强最为明显的是与脂类转运和代谢相关的基因簇，尤其是参与脂肪酸调节的一类基因。其他改变较明显的还有参与细胞信息传递、支持与生长、蛋白质水解、酶水解及信号转导的各类基因。表达受抑制的基因多与脂类转运、炎症和免疫调节相关。其他一些参与细胞凋亡、激素调节、新陈代谢及信号转导系统的调节基因也呈现较为明显的表达抑制[11]。

目前有关 PFOA 的致癌性研究尚无明确的结论。一些学者认为，PFOA 能抑制机体多脏器的谷胱甘肽过氧化物酶活性，使体内自由基产生和消除的平衡失调，从而造成氧化性损伤，直接或间接损伤遗传物质，引致癌症[114]。

1.4.8 免疫毒性

Yang 等研究发现[122-124]，PFOA 能降低小鼠血清中 IgG 和 IgM 水平，降低 T 细胞和 B 细胞的免疫功能，诱导免疫抑制，并使胸腺细胞中未成熟的 CD_4^+ 和 CD_8^+ 细胞显著减少，脾脏中 T 淋巴细胞和 B 淋巴细胞数量减少，导致小鼠胸腺和脾脏萎缩。当小鼠停止 PFOA 染毒后，胸腺和脾脏的质量可在 5～10d 内迅速得以恢复，而过氧化物增生的作用继续存在。所以认为，PFOA 可能通过作用于细胞周期的 S 和 G_2/M 期，间接导致胸腺细胞数量减少，引起免疫毒性。

1.4.9 甲状腺毒性

研究表明，PFOA 能引起大鼠甲状腺激素水平降低，且使其甲状腺功能低下[119]。甲状腺功能异常时，表现为容易疲劳、焦虑、头发脱落和性欲抑制等。暴露于 PFOA 的母体中的幼鼠有大脑发育延迟、听说能力受损、睾丸发育异常和学习能力下降等症状，研究认为这与 PFOA 对甲状腺的毒性损伤有关。

1.5 PFCs 和植物的关系

1.5.1 概述

尽管目前人们对 PFCs 的关注程度日益增高，所研究的领域涉及 PFCs 的污染负荷、环境迁移、生物富集、生物毒性等，然而很少有研究显示 PFCs 和陆生植物之间的作用关系，这其中主要的研究仅集中在水生植物，这可能跟 PFCs 主要存在于水环境直接相关。近年来的研究显示，随着降雨、降雪，工业及人为因素，PFCs 引发的陆生环境问题日益显现。植物作为陆生生态系统的重要组成部分，其和全氟有机化合物之间的相关关系非常值得人们去关注。鉴于这方面资源的缺乏，在此可通过土壤介质中其他有机化学品和植物之间的作用关系来为日后的诸多研究提供参考。

1.5.2 植物对有机污染物的直接吸收作用

植物从土壤中直接吸收有机物（图 1.4），然后将没有毒性的代谢中间体储存在植物组织中，这是植物去除环境中中等亲水性有机污染物（辛醇-水分配系数为 $\lg K_{ow}=0.5\sim3$）的一个重要机制。这些化合物一旦被吸收后，会有多种去向：有的能够被植物体内的/分泌的酶将其分解成低毒化合物，并通过木质化作用使其成为植物体的组成部分，如水和土壤中的主要化合物 TCE 能够被杂种白杨树吸收后将其破坏使之成为代谢组分[125]；也可通过挥发、代谢或矿化作用使其转化成 CO_2 和 H_2O，如有机氯能够被降解成 CO_2、氯离子和水[126]；或转化成为无毒性的中间代谢物如木质素，储存在植物细胞中，达到去除环境中有机污染物的目的。环境中大多数 BTEX 化合物、含氯溶剂和短链的脂肪化合物都是通过这一途径去除的[127]。环境中微量除草剂阿特拉津可被植物直接吸收[128,129]。

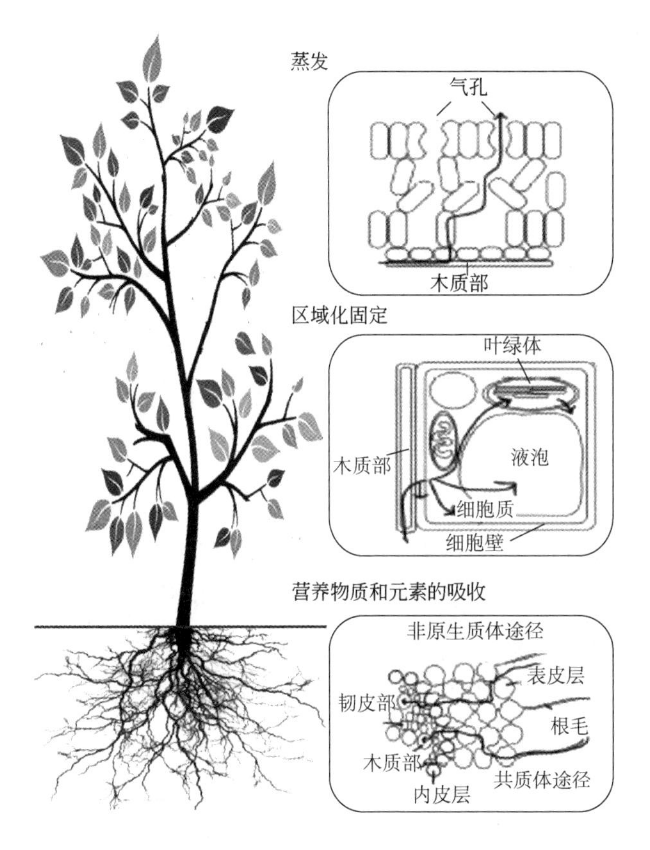

图 1.4 植物吸收污染物/营养物质的途径（附彩图）

植物根部对有机污染物的吸收分为主动和被动两种方式。研究表明[130]，植物体对土壤中有机污染物的吸收主要为被动吸收，且吸收过程可看作污染物在土壤固相、土壤水相、植物水相和植物有机相之间的一系列连续分配过程。首先，土壤固相（有机质）吸附的有机污染物溶解于土壤水中，在土壤固相和土壤水之间分配；其次，土壤水中的有机污染物在蒸腾拉力作用下随水流进入植物体，在植物水和植物有机相之间分配。这些分配过程同时并存又相互影响，共同决定着有机污染物在土壤-植物系统中的迁移行为。

一般来说，污染物能够通过穿越根内皮层细胞的原生质膜进入根共质体，或通过细胞间隙进入根非原生质体（图 1.4）。如果污染物改变路径进入气生组织，它就必须进入木质部。进入木质部必须要穿越凯氏带，而蜡质被膜是不允许溶液渗透的，除非它们经过内皮层细胞，或许能依靠膜上的泵机制或膜通道作用穿越。一次装载进入木质部，木质部液体流能将污染物传输到叶部，在那里须再进行一次装载进入叶细胞，这又要经过一次膜。一旦在芽或叶组织，污染物就会储存在不同类型的细胞中，根据不同的污染物形式，在这些细胞中污染物就会通过化学转变或络合而降低它们的毒性。一些污染物能够被束缚在一些亚细胞结构中（如细胞壁、细胞质、液泡），而另一些能够通过气孔挥发出植物体。

1.5.3 根部吸收有机污染物的影响因素

根部被动吸收有机污染物可以看作土壤固相-土壤水相-植物水相-植物有机相一系列分配过程的结合。研究表明植物体根部对有机污染物的被动吸收主要受到污染物性质、土壤类型及植物组成等因素的影响[131]。

（1）有机污染物性质

植物吸收积累土壤有机污染物的程度受污染物性质的影响[132]，例如，分子量大小、分子结构、溶解度、辛醇-水分配系数（K_{ow}）及亨利系数（H）等。有机污染物的分子量和分子结构影响植物的吸收行为。Wang 等研究发现胡萝卜吸收的氯苯化合物（CBs）大多积聚在表皮，很难进入果肉，且 CBs 的分子量越大果肉中的含量越低[133]。Wild 等观察到菲和蒽这对同分异构体在小麦和玉米根部的迁移过程，发现菲的吸收和迁移速率比蒽快近 3 倍[134]。细胞壁有机成分对二者结合能力的不同可能造成了吸收速率上的差异。植物吸收有机污染物还受到污染物溶解度的影响。Briggs 等发现，植物根对溶液中有机污染物的吸收积累程度与其溶解度成反比[135]。此外，研究发现，蒸汽压较大（$H > 10^{-4}$）的有机污染物不易通过根部吸收进入植物体[130]。对于此类污染物，挥发至空气再被植物叶片吸收是其进入植物体的主要途径。

此外，Briggs 等研究了大麦根对甲基氨基甲酰肟和取代苯脲衍生物类共 14～18 种污染物的吸收能力与污染物的脂溶性之间的关系，发现根系富集系数与 K_{ow} 显著正相关[135,136]。研究表明，大麦根部对有机污染物的被动吸收是一个分配过程，且吸收积累能力随污染物的脂溶性的升高而增强。Burken 等研究了杂交杨对 12 种理化性质变异较大的有机污染物的吸收行为，其结果与 Briggs 等人的研究一致，即根部吸收积累的有机污染物的程度与其脂溶性显著正相关[137]。多环芳烃（PAHs）、PCBs、二噁英（PCDD/Fs）等具有较高脂溶性（即 K_{ow} 较大）的有机污染物都能在根部强烈富集。然而，Briggs 和 Burken 等人的研究结果都是从溶液体系中获得，与实际土壤中的情况差别较大。Topp 等研究发现，植物对土壤溶液中有机污染物的吸收积累程度与 K_{ow} 正相关，而对土壤中有机污染物的吸收与 K_{ow} 负相关[138]。究其原因，是有机污染物受到了土壤吸附作用的影响。

（2）土壤性质

土壤是植物生长的基本载体，其质量优劣必然会影响植物对有机污染物的吸收行为。影响植物吸收有机污染物的土壤性质包括土壤肥力、质地、酸碱性、通气性、有机质含量、微生物群落组成等[139,140]。

土壤有机质含量是影响植物吸收有机污染物的重要因素。Harris 等对三种不同土壤（沙质土、黏壤土和腐殖质土，这三种土有机质含量分别为 1.4%、3.6% 和 66.5%）中胡萝卜、萝卜、大头菜和洋葱四种农作物吸收狄氏剂的浓度水平进行了评价，结果发现，在腐殖质上生长的农作物中的狄氏剂量比沙质土和黏壤土低些[141]。Topp 等在大麦根吸收一些芳香化合物的实验中，也研究表明植物吸收有机化合物时受土壤种类的影响[138]。事实上，这与土壤中有机污染物的生物可利用性有关。植物能够吸收利用土壤溶液中的有机污染物，而土壤溶液中的污染物的浓度由其在土壤固相和土壤溶液间的分配系数（K_d）决定。有机污染物主要吸附于土壤固相的有机成分上，因而 K_d 可以用土壤有机质含量（f_{oc}）标化，得到 K_{oc}（$K_{oc} = K_d/f_{oc}$）。Karickhoff 给出了 K_{oc} 与 K_{ow} 的关系式，$\lg K_{oc} = (0.989\times\lg K_{ow})-0.346f_{oc}$。由公式可知，当 f_{oc} 增加时，尽管 K_{oc} 减小，但 K_d 增大，土壤对有机污染物的吸附作用增强，导致土壤溶液浓度下降，可供植物吸收的污染物减少。此外，由 K_{oc} 与 K_{ow} 的线性关系可知，有机污染物脂溶性越高（K_{ow}

越大)，土壤对其吸附作用越强，生物可利用性越低。植物吸收与土壤污染强度也存在一定的关系。Wang 等研究发现[133]，胡萝卜体内 CBs 的含量随土壤 CBs 浓度提高而增大。Petersen 等报道，几种作物对土壤中苯并[*a*]芘的富集系数随土壤污染负荷的提高而减小[142]。

(3) 植物组成

植物体主要由水、脂肪、糖类、蛋白质等物质构成。这些成分对有机污染物的亲和力不同。Chiou 等指出对于 K_{ow} 小于 10 的有机物，根部水吸收贡献较大（85%以上）；对于 K_{ow} 等于 100 的有机物，根部水和脂肪的作用各占 50%；而对于 K_{ow} 大于 1000 的有机物，吸收几乎全部来自脂肪物质对有机物的分配作用[143]。这种亲和力上的差异导致具有不同组成的植物体对有机污染物的吸收行为不同。

研究表明，植物吸收积累脂溶性有机污染物的程度与植物脂肪含量密切相关。由于具有较高的脂肪含量，胡萝卜对有机氯杀虫剂的吸收量明显高于其他块根或块茎植物（马铃薯、萝卜、甜菜）等。HCB 在大麦、燕麦、玉米、芸薹、葛芭、胡萝卜等植物根内的残留浓度随根脂肪含量的增大而升高。Gao 等研究了萝卜、青菜等 12 种不同脂肪含量的蔬菜作物对土壤中菲和芘的吸收行为，发现菲和芘的根系富集系数（RCF）与根脂肪含量显著正相关[144]。

此外，同一植物体不同部位吸收有机污染物的行为也存在差异。张建英等研究发现氯代苯（CBs）在蔬菜中的富集表现为菠菜、白菜和芹菜中根 > 叶 > 茎，而白萝卜为茎 > 叶 > 根，其生物富集主要和蔬菜脂肪含量有关[145]。除脂肪含量外，其他植物组分的吸收贡献也不应忽视。Li 等研究发现，单纯用脂肪含量预测得到的植物体内有机污染物的含量往往低于实际含量，这是由低估其他组分的吸收贡献而造成[146]。

1.5.4 PFCs 和陆生植物的关系

由于 PFCs 的特殊理化性质，目前，关于 PFCs 在水生态系统内的环境行为及毒性的研究已经成为一个备受关注的全球性课题。然而由于人类活动导致 PFCs 在自然降水中存在，来自污水处理场的污泥在农业土壤中应用，以及 PFCs 作为农药组分施用等，这些现象能够直接或间接导致这类化合物在陆生环境中的污染。其对陆生生态系统的环境安全已经构成潜在的威胁。植物是陆生生态系统重要的组成部分，土壤中污染化学品的植物蓄积是污染物进入陆生食物链的一个重要环节。在 2009 年，德国学者 Stahl 等在《环境污染与毒理学档案》（*Archives of Environmental Contamination and Toxicology*）期刊上发表论文首次表明了 PFOS 和 PFOA 能够从土壤介质迁移到植物体内[147]，研究者在 PFOS 和 PFOA 浓度水平约为 0～50mg/kg 的土壤中种植了不同的作物，发现 PFOS 和 PFOA 在所有的作物中均被检出，并且随着土壤污染程度的增加，富集量升高。该项研究为全氟有机化合物的环境效应研究开启了新的方向。对于 PFCs 而言，植物吸收 PFCs 的机制是什么？吸收的 PFCs 是否会对植物的生长产生影响？PFCs 是否会因作物的吸收而直接进入人类食物链，或者通过食植性动物（如牛、羊等）的摄取而间接危害人类的健康？这些都是值得去探究的问题。

参考文献

[1] Li P, Oyang X, Xie X, et al. Phytotoxicity induced by perfluorooctanoic acid and perfluorooctane sulfonate via metabolomics[J]. Journal of Hazardous Materials, 2020, 389: 121852.

[2] Kissa E. Fluorinated Surfactants and Repellents [M]. New York: Marcel Dekker Inc, 2001: 1-28.

[3] Giesy J P, Kannan K. Global distribution of perfluorooctane sulfonate in wildlife [J]. Environ. Sci. Technol., 2001, 35: 1339-1342.

[4] Jahnke A, Berger U, Ebinghaus R, Temme C. Latitudinal gradient of airborne polyfluorinated alkyl substances in the marine atmosphere between Germany and South Africa (53N-33S) [J]. Environmental Science & Technology, 2007, 41: 3055-3061.

[5] Gonzalez-Barreiro C, Martinez-Carballo E, Sitka A, et al. Method optimization for determination of selected perfluorinated alkylated substances in water samples [J]. Analytical and Bioanalytical Chemistry, 2006, 386: 2123-2132.

[6] Skutlarek D, Exner M, Faerber H. Perfluorinated surfactants in surface and drinking waters [J]. Environmental Science and Pollution Research, 2006, 13: 299-307.

[7] Nakata H, Kannan K, Nasu T, et al. Perfluorinated contaminants in sediments and aquatic organisms collected from shallow water and tidal flat areas of the Ariake Sea, Japan: Environmental fate of perfluorooctane sulfonate in aquatic ecosystems[J]. Environmental Science & Technology, 2006, 40 (16): 4916-4921.

[8] Gebreab K Y, Eeza M N H, Bai T, et al. Comparative toxicometabolomics of perfluorooctanoic acid (PFOA) and next-generation perfluoroalkyl substances. Environmental Pollution, 2020, 265 (Pt A): 114928.

[9] Martin J W, Kannan K, Berger W, et al. Researchers push for progress in perfluoralkyl analysis.

Environmental Science & Technology, 2004, 38:249A-255A.

[10] Higgins C P, McLeod P B, MacManus-Spencer L A, et al. Bioaccumulation of perfluorochemicals in sediments by the aquatic oligochaete Lumbriculus variegatus. Environmental Science & Technology 2007, 41 (13) :4600-4606.

[11] Nakata H, Kannan K, Nasu T, et al. Perfluorinated contaminants in sediments and aquatic organisms collected from shallow water and tidal flat areas of the Ariake Sea, Japan: Environmental fate of perfluorooctane sulfonate in aquatic ecosystems. Environmental Science & Technology, 2006, 40: 4916-4921.

[12] Guruge K S, Yeung L W, Yamanaka N, et al. Gene expression profiles in rat liver treated with perfluorooctanoic acid (PFOA). Toxicological Sciences. 2006, 89(1): 93-107.

[13] Spliethoff H,Tao L,Shaver S, et al. Use of newborn screening program blood spots for exposure assessment:Dtclining levels of perfluorinated compounds in New York State infants[J]. Environmental Science & Technology, 2008, 42: 5361-5367.

[14] Olsen G W,Burris J M, Ehresman D J, et al. Half-life of serum elimination of perfluorooctanesulfonate, perfluorohexanesulfonate, and perfluorooctanoate in retired fluorochemical production workers [J]. Environmental Health Perspectives, 2007, 115: 1298-1305.

[15] Prevedouros K, Cousins I T, Buck R C, et al. Sources, fate and transport of perfluorocarboxylates [J]. Environmental Science & Technology, 2006, 40(1): 32-44.

[16] Shoeib M, Harner T, Vlahos P. Perfluorinated chemicals in the arctic atmosphere [J]. Environmental Science & Technology, 2006, 40(24): 7577-75801.

[17] Kannan K, Koistinen J, Be&men K. Accumulation of perfluorcoctane sulfonate in marine mammals[J]. Environmental Science & Technology, 2001, 35: 1593-1598.

[18] 金一和，翟成，舒为群，等. 长江三峡库区江水和武汉地区地面水中 PFOS 和 PFOA 污染现状调查[J]. 生态环境, 2006, 15(3): 486-489.

[19] Sun R, Wu M H, Tang L, et al. Perfluorinated compounds in surface waters of Shanghai, China: Source analysis and risk assessment[J]. Ecotoxicology and Environmental Safety, 2018, 149: 88-95.

[20] Liu Z W, Ma Z M, Sun L H. Study on pollution characteristics of perfluorinated compounds in shallow groundwater system[J]. IOP Conference Series: Earth and Environmental Science, 2018, 199: 022057.

[21] Wu J，Junaid M，Wang Z F, et al. Spatiotemporal distribution，sources and ecological risks of perfluorinated compounds (PFCs) in the Guanlan River from the rapidly urbanizing areas of Shenzhen, China[J]. Chemosphere, 2020, 245: 125637.

[22] 章涛，王翠苹，孙红文. 环境中全氟取代化合物的研究进展，安全与环境学报，2008，8(3): 22-28.

[23] Saito N, Sasaki K, Nakatome K, et al. Perfluorooctane sulfonate concentrations in surface water in Japan [J]. Archives of Environmental Contamination and Toxicology, 2003, 45(2): 149-158.

[24] Hansen K J, Johnson H O, Eldridge J S, et al. Quantitative characterization of trace levels of PFOS and PFOA in the Tennessee River. Environ [J]. Environmental Science & Technology, 2002, 36(8):1681-1685.

[25] Zhu Z Y, Wang T Y, Meng J, et al. Perfluoroalkyl substances in the Daling River with concentrated fluorine industries in China：Seasonal variation，mass flow, and risk assessment[J]. Environmental Science and Pollution Research, 2015, 22(13): 10009-10018.

[26] Simcik M F, Dorweiler K J. Ratio of perfluorochemical concentrations as a tracer of atmospheric deposition to surface waters [J]. Environmental Science & Technology, 2005, 39(22): 8678-8683.

[27] 金一和，刘晓，秦红梅，等. 我国部分地区自来水和不同水体中的 PFOS 污染[J]. 中国环境科学, 2004, 24(2): 166-199.

[28] 周珍，胡宇宁，史亚利，等. 武汉地区水环境中全氟化合物污染水平及其分布特征[J]. 生态毒理学报, 2017, 12(3): 425-433.

[29] Boulanger B, Vargo J D, Schnoor J L, et al. Evaluation of perfluorooctane surfactants in a wastewater treatment system and in a commercial surface protection product [J]. Environmental Science & Technology, 2005, 39 (15): 5524-5530.

[30] Sinclair E, Kannan K. Mass loading and fate of perfluoroalkyl surfactants in wastewater treatment plants [J]. Environmental Science & Technology, 2006, 40 (5): 1408-1414.

[31] Bao J, Yu W J, Liu Y, et al. Perfluoroalkyl substances in groundwater and home-produced vegetables and eggs around a fluorochemical industrial park in China. [J] Eeotoxicology and Environmental Safety, 2019, 171: 199-205.

[32] 朱永乐，汤家喜，李梦雪，等. 全氟化合物污染现状及与有机污染物联合毒性研究进展[J]. 生态毒理学报, 2021, 16(2): 86-99.

[33] Ge H, Yamazaki E, Yamashita N, et al. Particle size specific distribution of perfluoro alkyl substances in atmospheric particulate matter in Asian cities[J]. Environmental Science：Processes & Impacts, 2017, 19(4): 549-560.

[34] Stock N L, Furdui V I, Muir D C, et al. Perfluoroalkyl contaminants in the Canadian Arctic: evidence of atmospheric transport and local contamination. Environmental Science & Technology, 2007, 15; 41(10): 3529-3536.

[35] Sasaki K, Harada K, Saito N, et al. Impact of airborne perfluorooctane sulfonate on the human body burden and the ecological system. Bulletin of Environmental Contamination and Toxicology, 2003, 71(2): 408-413.

[36] Chen H, Yao Y M, Zhao Z, et al. Multimedia distribution and transfer of per-and polyfluoroalkyl substances (PFASs) surrounding two fluorochemical manufacturing facilities in Fuxin, China [J]. Environmental Science & Technology, 2018, 52(15): 8263-8271.

[37] Scott B F, Spencer C, Mabury S A, et al. Poly and perfluorinated carboxylates in north American precipitation [J]. Environmental Science & Technology, 2006, 40(23): 7167- 7174.

[38] Young C J, Furdui V I, Franklin J, et al. Perfluorinated acids in Arctic snow: new evidence for atmospheric formation. Environmental Science & Technology, 2007, 15, 41(10): 3455-3461.

[39] Moriwaki H, Takata Y, Arakawa R. Concentrations of perfluorooctane sulfonate (PFOS) and perfluorooctanoic acid (PFOA) in vacuum cleaner dust collected in Japanese homes. [J]. Journal of Environmental Monitoring, 2003, 5: 753-757.

[40] Kubwabo C, Stewart B, Zhu J P, et al. Occurrence of perfluorosulfonates and other

perfluorochemicals in dust from selected homes in the city of Ottawa, Canada [J]. Journal of Environmental Monitoring, 2005, 7: 1074-1078.

[41] Strynar M J, Lindstrom A B. Perfluorinated compounds in house dust from Ohio and North Carolina, USA [J]. Environmental Science & Technology, 2008, 42: 3751-3756.

[42] Björklund J A, Thuresson K, De Wit C A. Perfluoroalkyl Compounds (PFCs) in Indoor Dust: Concentrations, Human Exposure Estimates, and Sources [J]. Environmental Science & Technology, 2009, 43: 2276-2281.

[43] Goosy E, Abou-Elwafa A M, Harrad S. Dust from Primary school and Nursery classrooms in the UK: Its significance as a pathway to exposure to PFOS, PFOA, HBCDs and TBBP-A. Organohalogen Compound, 2008, 70: 855-858.

[44] Wang S Q, Cai Y Z, Ma L Y, et al. Perfluoroalkyl substances in water, sediment, and fish from a subtropical river of China: Environmental behaviors and potential risk. Chemosphere, 2022, 288: 132513.

[45] Becanov J, Komprdov K, Vrana B, et al. Annual dynamics of perfluorinated compounds in sediment: a case study in the Morava River in Zlín district, Czech Republic. Chemosphere, 2016,151: 225-233.

[46] Kallenborn R, Berger U, Jarnberg U, et al. Perfluorinated alkylated substances (PFAS) in the Nordic environment. Organohalogen Compounds, 2004, 66: 4046-4052.

[47] Nakata H, Kannan K, Nasu T, et al. Perfluorinated contaminants in sediments and aquatic organisms collected from shallow water and tidal flat areas of the Ariake Sea, Japan: environmental fate of perfluorooctane sulfonate in aquatic ecosystems [J]. Environmental Science & Technology, 2006, 40(16): 4916-4921.

[48] 高燕，傅建捷，朱娜丽，等. 第七届全国环境化学学术大会, 2013.

[49] Kannan K, Franson J C, Bowerman W W, et al. Perfluorooctanesulfonate in fisheating water birds including bald eagles and albatrosses [J]. Environmental Science & Technology, 2001, 35(15): 3065-3070.

[50] Blake D K, Robert D H, Craig S C. Fluorinated organics in the biosphere [J]. Environmental Science & Technology, 2007, 31(9): 2445-2454.

[51] Keller J M, Kannan K, Taniyasu S, et al. Perfluorinated compounds in the plasma of loggerhead and Kemp's ridley sea turtles from the southeastern coast of the United States [J]. Environmental Science & Technology, 2005, 39 (23): 9101-9108.

[52] Kannan K, Choi J W, Iseki N, et al. Concentrations of perfluorinated acids in livers of birds from Japan and Korea [J]. Chemosphere, 2002, 49 (3): 225-231.

[53] Taniyasu S, Kannan K, Horii Y, et al. A survey of perfluorooctane sulfonate and related perfluorinated organic compounds in water, fish, birds, and humans from Japan [J]. Environmental Science & Technology, 2003, 37 (12): 2634-2639.

[54] Tomy G T, Budakowski W, Halldorson T, et al. Fluorinated organic compounds in an eastern Arctic marine food web[J]. Environmental Science & Technology, 2004, 38(24): 6475-6481.

[55] Fair P A, Houde M, Hulsey T C. et al. Assessment of perfluorinated compounds (PFCs) in plasma of bottlenose dolphins from two southeast US estuarine areas: Relationship with age, sex and

geographic locations. Marine Pollution Bulletin, 2012, 64: 66-74.

[56] Kannan K, Corsolini S, Falandysz J, et al. Perfluorooctanesulfonate and related fluorinated hydrocarbons in marine mammals, fishes, and birds from coasts of the Baltic and the Mediterranean Seas [J]. Environmental Science & Technology, 2002, 36(15): 3210-3216.

[57] Kanna K, Fransonj C, Bowerman W W, et al. Perfluorooctane sulfonate in fisheating water birds including bald eagles and albatrosses [J]. Environmental Science & Technology, 2001, 35(15): 3065-3070.

[58] Dai J, Li M, Jin Y, et al. Perfluorooctanesulfonate and perfluorooctanoate in red panda and giant panda from China [J]. Environmental Science & Technology, 2006 , 40(18): 5647-5652.

[59] Keller J , Kannan K, Taniyasu S, et al. Perfluorinated compounds in the plasma of Loggerhead and Kemp's Ridley Sea turtles from the southeastern coast of the United States [J]. Environmental Science & Technology, 200, 39 (23): 9101-9108.

[60] Taniyasu S, Kannan K, Horrii Y, et al. A survey of perfluorooctane sulfonate and related perfluorinated organic compounds in water, fish, birds, and humans from Japan [J]. Environmental Science & Technology, 2003 , 37(12): 2634-2639.

[61] Bossi R, Riget F, Dietz R. Temporal and spatial trends of perfluorinated compounds in ringed seal (Phoca hispida) from Greenland [J]. Environmental Science & Technology, 2005, 39(19): 7416-74221.

[62] Kannan K, Newsted J, Halbrook R S, et al. Perfluorooctanesulfonate and related fluorinated hydrocarbons in mink and river otters from the United States [J]. Environmental Science & Technology, 2002, 36(12): 2566-2571.

[63] Van de V K I, Hoff P , Das K, et al. Tissue distribution of perfluorinated chemicals in harbor seals (Phoca vitulina) from the Dutch Wadden sea [J]. Environmental Science & Technology, 2005, 39: 6978-6984.

[64] Kannan K, Yun S H, Evans T J. Chlorinated, brominated, and perfluorinated contaminants in livers of polar bears from Alaska [J]. Environmental Science & Technology, 2005, 39 (23): 9057-9063.

[65] He X M, Dai K, Li A M, et al. Occurrence and assessment of perfluorinated compounds in fish from the Danjiangkou reservoir and Hanjiang river in China. Food Chem. 2015. 174, 180-187.

[66] Chen M, Zhu L, Wang Q, et al. Tissue distribution and bioaccumulation of legacy and emerging per- and polyfluoroalkyl substances (PFASs) in edible fishes from Taihu Lake, China. Environ. Pollut, 2021: 268.

[67] Olsen G W, Church T R, Miller J P, et al. Perfluorooctanesulfonate and other fluorochemicals in the serum of American Red Cross adult blood donors [J]. Environmental Health Perspectives, 2003, 111(16): 1892-1901.

[68] So M K, Yamashita N, Taniyasu S, et al. Health risks in infants associated with exposure to perfluorinated compounds in human breast milk from Zhoushan, China [J]. Environmental Science & Technology, 2006, 40 (9): 2924-2929.

[69] Pérez F, Nadal M, Navarro-Ortega A, et al. Accumulation of perfluoroalkyl substances in human tissues. Environment International, 2013, 59: 354-362.

[70] Midasch O, Schettgen T, Angerer J. Perfluorooctanoate exposure of the German general population [J]. Journal of Hygiene and Environmental Health, 2006, 209(6): 489-496.

[71] Inoue K, Okada F, Ito R, et al. Perfluorooctane sulfonate (PFOS) and related perfluorinated compounds in human maternal and cord blood samples: Assessment of PFOS exposure in a susceptible population during pregnancy [J]. Environmental Health Perspectives, 2004, 112 (11): 1204-1207.

[72] Kannan K, Corsolini S, Falandysz J, et al. Perfluorooctanesulfonate and related fluorochemicals in human blood from several countries[J]. Environmental Science & Technology, 2004,38 (17): 4489-4495.

[73] Karrman A, Muellerj F, Bavel V B, et al. Levels of 12 perfluorinated chemicals in pooled Australian serum collected 2002-2003 in relation to age, gender and region[J]. Environmental Science & Technology, 2006,40(12): 3742-3748.

[74] Oliver M, Thomas S, Jbrgen A. Pilot study on the perfluorooctanesulfonate and perfluorooctanoate exposure of the German general population [J]. International Journal of Hygiene and Environmental Health, 2006, 209 (6): 489-496.

[75] Krrman A, Vanbavel B , Jrnbergu, et al. Perfluorinated chemicals in relation to other persistent organic pollutants in human blood [J]. Chemosphere, 2006, 64 (9): 1582-15911.

[76] Leo W Y Y, So M K, Guibinj, et al. Perfluorooctanesulfonate and related fluorochemicals in human blood samples from China [J]. Environmental Science & Technology, 2006, 40(3): 7215-7201.

[77] 金一和，刘晓，张迅，等. 人血清中全氟辛烷磺酰基化合物污染现状[J]. 中国公共卫生，2003, 19 (10): 1200-1202.

[78] Pan Y, Shi Y, Wang J, et al. Concentrations of perfluorinated compounds in human blood from twelve cities in China. Environmental Toxicology and Chemistry, 2010, 29: 2695-2701.

[79] Feng X M, Chen X, Yang Y, et al. External and internal human exposure to PFOA and HFPOs around a mega fluorochemical industrial park, China: Differences and implications[J]. Environment International, 2021,157: 106824.

[80] De Silva A O, Mabury S A. Isomer distribution of perfluorocarboxylates in human blood: Potential correlation to source[J]. Environmental Science & Technology, 2006, 40 (9): 2903-2909.

[81] Zhang T, Wu Q, Sun H W, et al. Perfluorinated Compounds in Whole Blood Samples from Infants, Children, and Adults in China[J]. Environmental Science & Technology, 2010, 44 (11): 4341-4347.

[82] Su H Q, Shi Y J, Lu Y L,et al. Home produced eggs: An important pathway of human exposure to perfluorobutanoic acid (PFBA) and perfluorooctanoic acid (PFOA) around a fluorochemical industrial park in China[J]. Environment International 2017, 101: 1-6.

[83] 周启星，胡献刚. PFOS/PFOA 环境污染行为与毒性效应及机理研究进展[J]. 环境科学，2007, 28(10): 2153-2162.

[84] Wallington T J, Hurley M D, Xia J, et al. Formation of C7F15 COOH (PFOA) and other perfluorocarboxylic acids during the atmospheric oxidation of 8: 2 fluorotelomer alcohol [J]. Environmental Science & Technology, 2006, 40 (3): 924-930.

[85] Loewen M, Halldorson T, Wang F Y, et al. Fluorotelomer carboxylic acids and PFOS in rainwater

from an urban center in Canada [J]. Environmental Science & Technology, 2005, 39 (9): 2944-2951.

[86] Verreault J, Houde M, Gabrielsen G W, et al. Perfluorinated alkyl substances in plasma , liver , brain , and eggs of glaucous gulls (Larus hyperboreus) from the Norwegian Arctic [J]. Environmental Science & Technology, 2005, 39 (19): 7439-7445.

[87] Boulanger B, Peck A M, Schnoor J L, et al. Mass budget of perfluorooctane surfactant in Lake Ontario [J]. Environmental Science & Technology, 2005, 39 (1): 74-79.

[88] Stock N Lau, F K, Ellis D A, et al. Perfluorinated telomer alcohols and sulfonamides in the North American troposphere [J]. Environmental Science & Technology, 2004, 38 (4): 991-996.

[89] Martin J W, Ellis D A, Mabury S A, et al. Atmospheric chemistry of perfluoroalkanesulfonamides: Kinetic and produ[J]. rochemical concentrations as a tracer of atmospheric deposition to surface waters [J]. Environmental Science & Technology, 2005, 39 (22): 8678-8683.

[90] Scott B F, Spencer C, Mabury S A, et al. Poly and perfluorinated carboxylates in north American precipitation[J]. Environmental Science & Technology ,2006, 40(23): 7167-7173.

[91] Higgins C P, Field J A, Criddle C S, et al. Quantitative determination of perfluorochemicals in sediments and domestic sludge[J]. Environmental Science & Technology ,2005, 39 (11): 3946-3956.

[92] Skutlarek D, Exner M, Farber H. Perfluorinated surfactants in surface and drinking waters[J]. Environmental Science and Pollution Research, 2006, 13(5): 299-307.

[93] So M K, Taniyasu S, Yamashita N, et al. Perfluorinated compounds in coastal waters of Hong Kong of China, South China, and Korea[J]. Environmental Science & Technology ,2004, 38(15): 4056-4063.

[94] Taniyasu S, Yamashita N, Kannan K, et al. Perfluorinated carboxylates and sulfonates in open ocean waters of the Pacific and Atlantic oceans[J]. Organohalogen Compounds, 2004, 66: 4035-4040.

[95] Wang N, Szostek B, Buck R C, et al. Fluorotelomer alcohol biodegradation—Direct evidence that perfluorinated carbon chains breakdown [J]. Environmental Science & Technology, 2005, 39(19): 7516-7528.

[96] Wang N , Szostek B , Folsom P W, et al. Aerobic biotransformation of C-14-labeled 8: 2 telomer B alcohol by activated sludge from a domestic sewage treatment plant[J]. Environmental Science & Technology, 2006, 39 (2): 531-538.

[97] Higgins C P, Field J A, Criddle C S, et al. Quantitative determination of perfluorochemicals in sediments and domestic sludge[J]. Environmental Science & Technology, 2005, 39 (11): 3946-3956.

[98] 贾成霞，潘纲，陈灏. 全氟辛烷磺酸盐在天然水体沉积物中的吸附/解吸行为[J]. 环境科学学报，2006 , 26 (10): 1611-1617.

[99] Kerstner-Wood, C, Coward L, Gorman G. Protein Binding of perfluorbutane sulfonate, perfluorohexanesulfonate, perfluorooctane sulfonate and perfluorooctanoate to plasma (human, rat, monkey), and various human-derived plasma protein fractions. Southern Research Corporation, Study 9921.7. Unpublished report. Available on USEPA Administrative Record AR-

226. 2003.

[100] Luebeker D J, Hansen K J, Bass N M, et al. Interactions of fluorochemicals with rat liver fatty acid-binding protein [J]. Toxicology, 2002, 15(3): 175-185.

[101] US-EPA. Perfluorooctyl Sulfonates. Proposed Significant New Use Rule, 40 CFR Part 721, US Federal Register, Vol 67, No 47, Monday 11 March 2002.

[102] Martin J W, Mabury S A, Solomon S K, et al. Bioconcentration and tissue distribution of perfluorinated acid in rainbow trout (Oncorhynchus mykiss) [J]. Environmental Toxicology and Chemistry, 2003, 22: 196-204.

[103] Morikawa A, Kamei N, Harada K, et al. The bioconcentration factor of perfluorooctane sulfonate is significantly larger than that of perfluorooctanoate in wild turtles (Trachemys scripta elegans and Chinemys reevesii): An Ai river ecological study in Japan[J]. Ecotoxicology and Environmental Safety, 2006, 65(1): 14-21.

[104] Tomy G T, Budakowski W, Halldorson T, et al. Fluorinated organic compounds in an eastern Arctic marine food web [J]. Environmental Science & Technology, 2004, 38: 6475-6481.

[105] Houde M, Bujas T A D, Small J, et al. Biomagnification of Perfluoroalkyl Compounds in the Bottlenose Dolphin (Tursiops truncatus) Food Web [J]. Environmental Science & Technology, 2006, 40 (13): 4138-4144.

[106] Bossi R, Riget FF, Dietz R,et al. Preliminary screening of perfluorooctane sulfonate (PFOS) and other fluorochemicals in fish, birds and marine mammals from Greenland and the Faroe Islands[J]. Environmental Pollution. 2005, 136 (2) 323-329.

[107] Hinderliter P M, DeLorme M P, Kennedy G L. Perfluorooctanoic acid: Relationship between repeated inhalation exposures and plasma PFOA concentration in the rat [J]. Toxicology, 2006, 222 (122): 80-85.

[108] Kannan K, Perrotta E, Thomas N J. Association between perfluorinated compounds and pathological conditions in southern sea otters [J]. Environmental Science & Technology, 2006, 40 (16): 4943-4948.

[109] Hinderliter P M, Han X, Kennedy G L, et al. Age effect on perfluorooctanoate (PFOA) plasma concentration in post ～weaning rats following oral gavage with ammoniumperfluorooctanoate (APFO)[J]. Toxicology, 2006, 225 (2-3): 195-203.

[110] Xu L, Krenitsky D M, Seacat A M, et al. Biotransformation of *N*-ethyl-*N*-(2-hydroxyethyl) perfluorooetanesulfonamide by rat liver microsomes, cytosol , and slices and by expressed rat and human cytochromes P450 [J]. Chemical Research Toxicology, 2004, 17(6): 767-775.

[111] Houde M, Wells R S, Fair P A, et al. Polyfluoroalkyl compounds in free-ranging bottlenose dolphins (Tursiops truncatus) from the Gulf of Mexico and the Atlantic Ocean [J]. Environmental Science & Technology, 2005, 39 (17): 6591-6598.

[112] Tomy G T, Tittlemier S A, Palace V P, et al. Biotransformation of *N*-ethyl perfluorooctanesulfonamide by rainbow trout (Onchorhynchus mykiss) liver microsomes [J]. Environmental Science & Technology, 2004, 38 (3): 758-762.

[113] Perfluorooctane sulfonate: current summary of human sera, health and toxicology data. 3M. St. Paul, MN. 1999.

[114] 胡存丽，仲来福．全氟辛烷磺酸和全氟辛酸毒理学研究进展[J]．中国工业医学杂志，2006，19(6)：354-358.
[115] Olson C T, Andersen M E. The acute toxicity of perfluorooctanoic and perfluorodecanoic acids in male rats and effects on tissue fatty acids [J]. Toxicology and Applied Pharmacology, 1983, 70(3): 362-372.
[116] 刘冰，于麒麟，金一和．全氟辛烷磺酸对大鼠海马神经细胞内钙离子浓度的影响[J].毒理学杂志．2005，19(3)：225.
[117] 李莹，金一和．全氟辛磺酸对大鼠中枢神经系统谷氨酸含量的影响[J].毒理学杂志 2004, 18 (4): 232-233.
[118] Harada K, Xu F, Ono K, et al. Effects of PFOS and PFOA on L-type Ca^{2+} currents in guinea-pig ventricular myocytes[J]. Biochemical and Biophysical Research Communications. 2005, 329(2): 487-494.
[119] 陈江，黄幸舒，傅剑云．全氟辛酸毒性研究进展[J]．职业与健康，2006, 22(16): 1244-1247.
[120] Thibodeaux J R, Hanson R G, Rogers J M, et al. Exposure to perfluorooctane sulfonate during pregnancy in rat and mouse. I: maternal and prenatal evaluations [J]. Toxicological Sciences, 2003, 74(2): 369-381.
[121] Lau C, Thibodeaux J R, Hanson R G, et al. Exposure to perfluorooctane sulfonate during pregnancy in rat and mouse. II: postnatal evaluation [J]. Toxicological Sciences, 2003, 74(2): 382-392.
[122] Yang Q, Abedi-Valugerdi M, Xie Y, et al. Potent suppression of the adaptive immune response in mice upon dietary exposure to the potent peroxisome proliferators, perfluorooctanoic acid[J]. International Immunopharmacology, 2002, 2(2-3): 389-397.
[123] Yang Q, Xie Y, Eriksson A M, et al. Further evidence for the involvement of inhibition of cell proliferation and development in thymic and splenic atrophy induced by the peroxisome proliferation perfluorooctanoic acid in mice [J]. Biochemical Pharmacology. 2001, 62(8): 1133-1140.
[124] Yang Q, Xie Y, Depierre J W. Effects of peroxisome proliferators on the thymus and spleen of mice [J]. Clinical & Experimental Immunology, 2001, 122(2): 219-226.
[125] Newman L, Strand S, Choe N, et al. Uptake and biotransformation of trichloroethylene by hybrid poplars[J]. Environmental Science & Technology, 1997, 31: 1062-1067.
[126] Schnoor J, Licht L, Mccutcheon S, et al. Phytoremediation of organicand nutrient contaminants [J]. Environmental Science & Technology, 1995, 29: A318-A323.
[127] Jones K C. Contaminant trends in soil and crops. Environ. Pollut. 1991, 69: 311-325.
[128] Burken J G, Schmoor J L. Uptake and metabolism atranex by poplar trees [J]. Environmental Science & Technology, 1997, 31: 1399-1406.
[129] 宁春燕，赵建夫．农药污染土壤的生物修复技术介绍[J]．农业环境保护，2001, (6): 473-474.
[130] 朱永官．土壤-植物系统中的微界面过程及其生态环境效应[J]．环境科学学报，2003，23(2)：205-210.
[131] Li H, Sheng G Y, Chiou C T et al. Equilibrium Sorption and Kinetic Uptake in Plants [J]. Environmental Science & Technology, 2005, 39: 4864-4870.

[132] 孙铁珩，周启星，李培军．污染生态学[M]．北京：科学出版社，2001.
[133] Wang M, Jones K C. Uptake of chlorobenzenes by carrots from spiked and sewage sludge-amended soil [J]. Environmental Science & Technology, 1994, 28: 1260-1267.
[134] Wild E, Dent J, Thomas G O, et al. Direct observation of organic contaminant uptake, storage, and metabolism within plant roots [J]. Environmental Science & Technology, 2005, 39: 3695-3702.
[135] Briggs G G, Bromilow R H, Evans A A. Relationship between lipophilicity and root uptake and translocation of non-ionized chemicals in barley shoots following uptake by the roots [J]. Pesticide Science, 1982, 13: 495-504.
[136] Briggs G G, Bromilow R H, Evans A A, et al. Relationships between lipophilicity and the distribution of non-ionized chemicals in barley shoots following uptake by the roots [J]. Pesticide Science, 1983, 14: 492-500.
[137] Burken J G, Schnoor J L. Predictive relationships for uptake of organic contaminants by hybrid poplar trees [J]. Environmental Science & Technology, 1998, 32: 3379-3385.
[138] Topp E, Scheunert L, Attar A, et al. Factors affecting the uptake of 14C labeled organic chemicals by plants from soil [J]. Ecotoxicology and Environmental Safety, 1986, 11: 219-228.
[139] Gao Y Z, Zhu L Z. Phytoremediation and its model for organic contaminated soils [J]. Journal of Environmental Sciences, 2003, 15: 302-310.
[140] 林道辉，朱利中，高彦征．土壤有机污染的植物修复的机理与影响因素[J]．应用生态学.2003, 14: 1799-1803.
[141] Harris C R, Sans W W. Uptake of pre-emergent herbicides by corn: Distribution in plants and soil [J]. Journal of Agricultural and Food Chemistry, 1967, 15: 861-863.
[142] Petersen L S, Larsen E H, Larsen P B, et al. Uptake of trace elements and PAHs by fruit and vegetables from contaminated soils [J]. Environmental Science & Technology, 2002, 36: 3057-3063.
[143] Chiou C T, Sheng G Y, Manes M. A partition -limited model for the plant uptake of organic contaminants from soil and water [J]. Environmental Science & Technology, 2001, 35: 1437-1444.
[144] Gao Y Z, Zhu L Z. Plant uptake, accumulation and translocation of phenanthrene and pyrene in soils [J]. Chemosphere, 2004, 55: 1169-1178.
[145] 张建英，赵伟，潘骏，等．氯代苯在叶菜和根菜类蔬菜中的分布与富集[J]．浙江大学学报(农业与生命科学版), 2005,31(2): 180-184.
[146] Li H, Sheng G Y, Chiou C T, et al. Equilibrium Sorption and Kinetic Uptake in Plants [J]. Environmental Science & Technology, 2005, 39: 4864-4870.
[147] Stahl T, Heyn J, Thiele H, et al. Carryover of perfluorooctanoic acid (PFOA) and perfluorooctane sulfonate (PFOS) from soil to plants [J]. Archives of Environmental Contamination and Toxicology, 2009, 57(2): 289-298.

第 2 章

PFOS和PFOA对植物幼苗生长的生态毒性研究

2.1 引言

目前，环境中存在的全氟化合物主要有全氟羧酸类、全氟磺酸类、全氟酰胺类及全氟调聚醇等，其中 PFOS 和 PFOA 是环境中出现的最典型的两类全氟化合物[1-4]。PFOS 和 PFOA 作为 PFCs 典型代表，常被作为代表研究物。首先 PFOS 和 PFOA 商业应用已有多年，是多种高分子 PFCs 聚合物的一部分和最终产品。多项环境介质和生物体、人体的污染背景调查和研究显示 PFOS 和 PFOA 是最主要 PFCs 检出物，被认为是引起环境污染的重要 PFCs。此外，动物毒理学实验证实碳链为 8～12 的脂肪酸全氟代化合物引起实验动物的效应最明显[5]。因此，有关 PFCs 环境调查、毒理学和人群健康影响研究通常选取 PFOS 和 PFOA 为代表化合物。

在过去的 20 年，采用生物测定法对土壤污染的生态毒性评价是得到普遍关注的。生物测定能明显揭示单纯化学分析不能有效地评估污染土壤的潜在生态效应。生物测定法不仅能预知复杂的混合化合物污染土壤的生态效应（例如石油），而且同样能预知生物利用率，生物测定法在低浓度污染物水平上的响应比化学方法更容易[6]。生物敏感性检验对被污染土壤中的毒性评估是重要的。

当土壤中存在对植物有害的污染物时，植物的毒性分析是有必要的。目前已建立的高等植物毒理试验有三种方法，即：①根伸长试验；②种子发芽试验；③早期植物幼苗生长试验[7,8]。最初，这类试验主要用于纯化学品的毒性检验，但随着对土壤污染生态毒理学评价需求的日益增加，该方法的应用范围已扩展到对废物倾倒点、土壤污染现场以及土壤生物修复过程的生态毒理评价。本章以 PFOS 和 PFOA 作为目标污染物，初步探讨了其对植物的种子发芽、根伸长等几个主要指标的影响，并对土壤性质与污染物暴露对植物的影响进行分析，旨在为全氟化合物的土壤污染防治和生态风险评价提供基础资料。

2.2 材料与方法

2.2.1 植物

采用小白菜（*Brassica chinensis*）、莴苣（*Lactuca sativa*）、紫花苜蓿（*Medicago sativa*）、萝卜（*Raphanus sativus*）作为试验测试植物。小白菜、莴苣、萝卜种子购买于大连市农科院，紫花苜蓿购买于北京加州种业。这其中有两种植物莴苣和萝卜属于美国 EPA（1996）所推荐的用于评价有毒有害化学品生态毒性效应的 10 种植物。

不同的植物种子首先进行消毒灭菌，采用 0.1%次氯酸钠溶液处理 20min 后，采用去离子水冲洗数次以便使用。

2.2.2 试剂

本章节中所使用的试剂为分析纯。PFOS 购自 Fluka（纯度 >98%），PFOA 购自 Sigma（纯度 >98%）。为了防止 PFOS 和 PFOA 在玻璃上的吸附，采用聚乙烯塑料容器盛装储备液，储备液采用去离子水配制。

2.2.3 土壤及其理化性质

选取 6 种土壤作为试验用土，土壤样品来自不同的省份，这些土壤分别代表了不同区域的主要土壤类型，采用这些宽范围的土壤性质来考察 PFOS 和 PFOA 的生物可利用性。试验土壤样品首先在室温下干燥，然后过 2mm 的筛，PFOS 和 PFOA 经甲醇溶解后按不同剂量与土壤混匀，在通风橱内挥发干燥后，不同浓度处理的土壤保存备用。

土壤的具体理化性质测定如下。

（1）土壤 pH 值测定

方法：pH 电位法[9]。

试剂：过 20 目筛子的土壤；无 CO_2 蒸馏水；标准 pH 值缓冲液（邻苯二甲

酸氢钾标准溶液、混合磷酸盐溶液、硼砂溶液)。

仪器：磁力搅拌器；pH 电位计。

步骤：将土和水按土：水 =1：1 混合，磁力搅拌 1min，放置 30～60min。用 pH 电位计测定悬浊液 pH 值。

(2) 土壤有机质含量（OC%）测定

方法：比色法[10]。

试剂：过 60 目的土壤样品、约 0.5mol/L（精确配制）$K_2Cr_2O_7$（A.R）溶液、约 0.1mol/L（非精确配制）$(NH_4)_2Fe(SO_4)_2$（A.R）溶液、邻二氮杂菲指示剂、含 0.5%$HgSO_4$ 浓硫酸。

仪器：50mL 酸式滴定管、电炉、冷凝管。

步骤：取过 20 目筛子的土样，用木碾继续研磨直至全部通过 60 目筛子。精确称取 0.2g（W_0）土样入 250mL 三角瓶中，加入 5.00mL $K_2Cr_2O_7$ 标准溶液 $C_{K_2Cr_2O_7}$、10mL 浓硫酸，加入 1～2 颗玻璃珠，装上回馏装置加热消解保持沸腾 60min。停止加热稍冷后，从冷凝管顶端加入 100mL 蒸馏水。取下继续冷却后，加入 1～2 滴邻二氮杂菲指示剂，用标定好的$(NH_4)_2Fe(SO_4)_2$ 溶液滴定至红色，用量为 VmL。根据 $K_2Cr_2O_7$ 的减少，计算土壤有机质的含量。

$$OC\% = \frac{\dfrac{C_{K_2Cr_2O_7} \times 5.00}{V_0} \times (V_0 - V) \times 0.003 \times 1.1}{W_0} \times 100\%$$

式中，0.003 为 1mg/mL 碳的质量（以 g 计）；1.1 为校正常数。

(3) 土壤阳离子交换容量（CEC）的测定[11]

试剂：过 60 目的土壤样品、0.1mol/L $BaCl_2$ 溶液、约 0.1mol/L（需用标准碱标定）和 0.2mol/L H_2SO_4 溶液、0.1mol/L（需用邻苯二甲酸氢钾标定）NaOH 溶液、酚酞酸碱指示剂。

仪器：50mL 碱式滴定管、离心机、陶瓷坩埚、马弗炉、分析天平。

步骤：取过 20 目筛子的土样，用木碾继续研磨直至全部通过 60 目筛子。

对于 pH 小于 7.0 的土壤样品采用如下步骤：准确称取干净的 25mL 空离心试管的质量（W_0g），然后向其中加入 1g 土样，再准确称其总质量（W_1g）。加入 20mL $BaCl_2$ 溶液，用套有橡皮头的玻璃棒搅拌 4min，3000r/min 离心，弃去上层清液；再加入 20mL $BaCl_2$ 溶液，重复上述步骤 1 次，弃去上层清液。加入蒸馏水 20mL，搅拌 4min，3000r/min 离心分离，弃去上层清液。重复清洗 1 次。擦干离心管外表，准确称取装有土样和少量水的离心管质量（W_2g）。加入 20mL 已知浓度（$C_{H_2SO_4}$）的 H_2SO_4 溶液，搅拌 10min，静置 20min，3000r/min 离心。上层清液倒入干净的小烧杯中，取 10mL，用已知浓度（C_{NaOH}）的 NaOH 溶液滴定至酚酞变红，NaOH 用量为 VmL。根据加入 H_2SO_4 可滴定 H^+量的减少，计算土壤 CEC 值。

$$\mathrm{CEC(cmol/kg)} = \frac{20C_{H_2SO_4} - VC_{NaOH}[(W_2 - W_1) + 20]/10}{W_2 - W_1} \times 100$$

对于 pH 大于 7.0 的土壤样品采用如下步骤：准确称取 2g（W_0）土样入 25mL 离心管，加入 20mL 已知浓度（C_{BaSO_4}）的 $BaCl_2$ 溶液，用套有橡皮头的玻璃棒搅拌 4min，3000r/min 离心，清液倒入洁净的烧杯中。重新加入 20mL 已知浓度的 $BaCl_2$ 溶液，重复洗涤 1 次，上层清液并入烧杯中。向离心管中加入 20mL 蒸馏水，玻棒搅拌 1min，3000r/min 离心，上清液倒入洁净的烧杯中。重复洗涤 1 次，上层清液并入烧杯中。向烧杯中加入 0.2mol/L H_2SO_4 溶液 30mL，使 Ba^{2+}全部沉淀，用慢速定量滤纸过滤，用重量法测定生成的 $BaSO_4$ 质量（W_{BaSO_4}），控制马弗炉温度为 8000℃。根据交换前后 Ba^{2+}总量的减少，计算土壤 CEC 值。

$$\mathrm{CEC(cmol/kg)} = \frac{20 \times C_{BaSO_4} \times 2 - W_{BaSO_4}/116.5}{W_0} \times 100$$

（4）土壤颗粒分布（黏粒（clay）%，粉砂粒（silt）%，砂粒（sand）%）测定方法

土壤颗粒物分布的测定采用吸管法，它是以 Stocks 定律为基础，利用土粒在静水中的沉降规律，将不同直径的土壤颗粒按粒级分开，加以收集、烘干、称重，并计算各级颗粒含量百分比[12]。

土壤基本理化参数如表 2.1 所示。

2.2.4 植物毒性试验

（1）溶液培养实验

采用植物种子的萌发和根伸长实验用以评价 PFOS 和 PFOA 的毒性[13,14]。

将不同植物种子放在90mm×10mm的培养皿中（内放置滤纸）。PFOS和PFOA的浓度分别为0.1mg/L、1mg/L、10mg/L、100mg/L、200mg/L、300mg/L和400mg/L；0.1mg/L、1mg/L、10mg/L、100mg/L、200mg/L、300mg/L、400mg/L、600mg/L、800mg/L、1000mg/L和2000mg/L。将15粒不同的植物种子均匀分散在含5mL不同浓度的测试液中，盖上皿盖，(25±2)℃，暗处培养。当90%对照种子已萌发，根生长几乎达到20mm时，终止试验，计算种子萌发率，测定根长度。

表2.1 土壤样品的取样点及部分土壤理化性质参数

土壤号	土壤名称	地点（省）	pH	土壤有机质含量（OM）/(g/kg)	土壤阳离子交换量（CEC）/(cmol/kg)	黏粒含量（clay）/%	砂粒含量（sand）/%	粉粒含量（silt）/%
1	红壤	余江（江西）	4.73	5.03	10.81	28.12	53.85	18.04
2	砖红壤	琼山（海南）	5.43	6.98	9.58	34.88	38.20	26.92
3	紫色土	资中（四川）	7.69	10.54	11.14	14.92	47.64	37.44
4	黑土	绥化（黑龙江）	6.12	79.54	36.41	20.32	47.20	32.48
5	黄棕壤	江宁（江苏）	6.60	9.74	14.73	14.56	57.44	28.00
6	棕壤	大连（辽宁）	7.40	20.02	16.76	13.60	61.36	25.04

(2) 土壤培养试验

选取不同浓度处理的六种土壤，根据PFOS和PFOA在溶液中的溶解度，土壤中PFOS处理的浓度为0.1mg/kg、1mg/kg、10mg/kg、50mg/kg、100mg/kg、150mg/kg和200mg/kg；PFOA处理的浓度为0.1mg/kg、1mg/kg、10mg/kg、100mg/kg、200mg/kg、300mg/kg和400mg/kg。称取30g土壤放入培养皿中，将15粒不同的植物种子均匀分散在土壤下，保持土壤水分含量为60%，然后盖上培养皿盖，在(25±2)℃条件下，暗处培养。5d后小心去除培养皿中的土壤，保持植物根的完整，测定不同植物的根长度。

上述所有的种子萌发和根伸长实验都要三次重复，以减少实验误差。

2.2.5 数据分析

数据分析包括回归分析、方差分析。均值和标准方差的计算采用Microsoft

Excel 和 SPSS12.0 软件完成。剂量-效应数据拟合采用 SigmaPlot 10.0 软件中 log-logistic 曲线拟合，公式如下[15,16]:

$$y=\frac{a-b}{1+\left(\frac{x}{c}\right)^{p}}+b$$

其中，y 是植物根长度或种子萌发数；x 是实际添加 PFOS 和 PFOA 的浓度对数；a、b、p 是参数；$c=\lg(EC_{50})$或(LC_{50})。PFOS 和 PFOA 的不可见浓度效应（no observed effect concentration，NOEC）采用 Minitab15 软件的 Duncan's 多重范围检验完成。

2.3 结果与讨论

2.3.1 溶液培养下 PFOS 和 PFOA 对植物萌发的影响

在（25±1）℃条件下培养 3～4d，当对照培养皿中已萌发植物种子的根长达到 20mm 时，计数种子的萌发数和根伸长长度，PFOS 和 PFOA 暴露对种子萌发抑制率和根伸长抑制率的影响如图 2.1 所示。

由曲线拟合构建的模型可计算出两种化合物暴露影响种子萌发的 LC_{50} 值和根伸长的 EC_{50} 值，见表 2.2。由表可见，PFOS 暴露对四种植物种子萌发的 LC_{50} 值都大于 400mg/L，而 PFOA 暴露对四种植物种子萌发的 LC_{50} 值分别为 517mg/L（小白菜）、569mg/L（莴苣）、610mg/L（紫花苜蓿）和 1162mg/L（萝卜）。相比较而言，PFOS 和 PFOA 暴露对植物根伸长的影响要比种子萌发敏感，这可能和种子萌发和根生长过程有一定关系，种子发芽过程受胚内养分供应，因此，环境污染对种子发芽的毒害作用在一定浓度范围内仅表现为部分抑制，只有环境严重污染，种子发芽才能完全被抑制，当根完全暴露于环境中，其生长和发育全过程受环境条件的影响较大。

当 PFOS 的浓度小于 10mg/L，PFOA 的浓度小于 100mg/L 时，与对照相比，四种植物的根伸长没有明显差异，并且在这个浓度范围内没有发现 PFOS

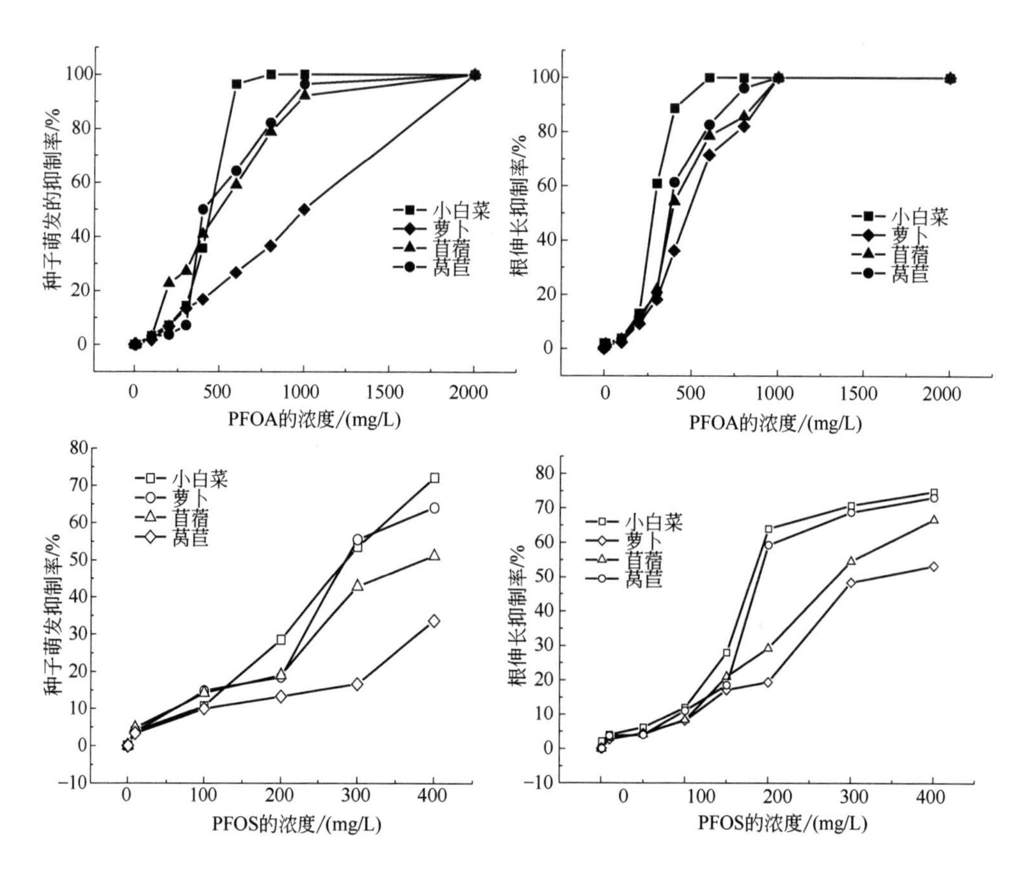

图 2.1　PFOS 和 PFOA 暴露对种子萌发抑制率和根伸长抑制率的影响

和 PFOA 对根伸长的任何促进作用。当超过此浓度范围，随着浓度的增加所有植物的根伸长逐渐受到抑制。实际上，当浓度超过 1000mg/L，PFOA 几乎完全抑制了四种植物的根生长。对 PFOS 而言，在最大的暴露浓度下，其对四种植物的根伸长的抑制分别为 75%（小白菜）、73%（莴苣）、67%（紫花苜蓿）和 53%（萝卜）。PFOS 对四种植物根伸长的影响的 EC_{50} 值为 161～363mg/L，而 PFOA 则为 281～445mg/L（表 2.2），相应地 EC_{10} 和 NOEC 值也同样被计算。根据 NOEC、EC_{10} 和 EC_{50}，四种植物对 PFOS 和 PFOA 暴露的敏感程度依次为：小白菜 > 莴苣 > 紫花苜蓿 > 萝卜。此外通过表中数据可见 PFOS 的植物毒性要比 PFOA 高。

表 2.2 溶液培养中四种测试植物根伸长的 NOEC、EC10 和 EC_{50} 及种子萌发的 NOEC 和 LC_{50} 单位：mg/L

化合物	植物	种子萌发				根伸长					
		NOEC①	LC_{50}②	95%CI③	R^2	NOEC	EC_{10}④	95%CI	EC_{50}⑤	95%CI	R^2
PFOS	小白菜	200	>400	—	—	100	91	79～103	161	129～193	0.98
	莴苣	200	>400	—	—	100	105	80～129	170	141～210	0.99
	紫花苜蓿	200	>400	—	—	100	110	93～127	267	239～284	0.98
	萝卜	>400	>400	—	—	150	133	122～144	363	351～375	0.97
PFOA	小白菜	200	517	491～544	0.97	100	197	174～220	281	251～312	0.99
	莴苣	200	569	545～594	0.99	100	234	215～253	382	356～408	0.98
	紫花苜蓿	400	610	588～633	0.97	200	222	201～244	406	383～430	0.98
	萝卜	800	1162	984～1340	0.98	300	248	223～274	445	427～464	0.99

① PFOS 和 PFOA 不可见影响浓度的测定。
② 引起种子萌发 50%死亡的有效 PFOS 和 PFOA 浓度。
③ 95%的置信区间。
④ 引起根伸长 10%抑制的有效 PFOS 和 PFOA 浓度。
⑤ 引起根伸长 50%抑制的有效 PFOS 和 PFOA 浓度。

2.3.2 不同土壤条件下 PFOS 和 PFOA 对植物萌发的影响

从液体培养实验可见，四种试验植物中小白菜对 PFOS 和 PFOA 的暴露影响最敏感，因此选择白菜做进一步的土壤试验。和未作处理的土壤比较，PFOS 和 PFOA 最大的暴露浓度下对白菜根伸长抑制的范围分别为：从绥化土壤的 33%到余江土壤的 91%；从绥化土壤的 83%到江宁土壤的 94%。与溶液培养不同，在全部土壤培养条件下，低浓度 PFOS 和 PFOA（0.1～1mg/kg）对小白菜的萌发生长有毒物促进效应，当浓度为 1mg/kg 时，琼山和余江土壤培养下促进效应是最为显著的（$P < 0.05$），图 2.2 显示了 PFOS 和 PFOA 对在六种测试土壤上小白菜生长的促进水平。PFOS 和 PFOA 对植物的毒物促进效应，可能是由于 PFOS 和 PFOA 作为表面活性剂，能够促进白菜对土壤中营养物的吸收[17,18]。前人的研究已发现，低浓度的表面活性剂如烷基苯磺酸盐 LAS 对植物生长发育有促进作用。灌溉水中 LAS 的质量浓度小于 8mg/L 时对水稻的生长有促进作用，与对照相比，穗长高 2%～9%，株长高 6%～12%，产量最高增

加 60%[19]。表面活性剂的这种植物促进效应可能与植物和土壤的类型有关。

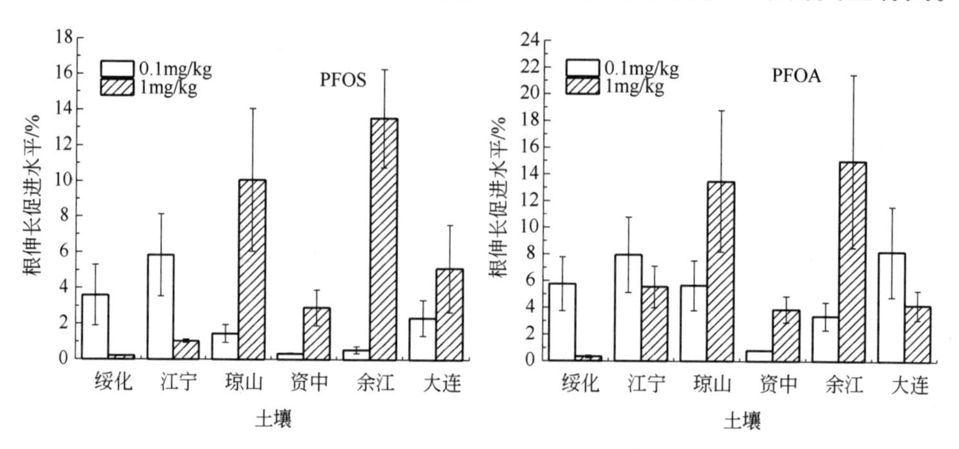

图 2.2 低浓度条件下 PFOS 和 PFOA 对小白菜根伸长生长的促进效应

对于全部土壤，log-logistic 曲线能够很好地符合 PFOA 暴露下的剂量-效应数据，在 PFOS 暴露下，由于最大测试浓度（< 50%）下，在绥化土壤中根伸长表现出有低的抑制，log-logistic 曲线仅在其他 5 种土壤上符合剂量-效应数据。图 2.3 指出了 PFOS 和 PFOA 暴露下，小白菜根伸长在六种土壤上的剂量效应曲线。

在六种土壤中 PFOS 和 PFOA 对小白菜根伸长影响的毒性阈值见表 2.3，通过在这些土壤中所表现出的阈值范围可见，PFOS 和 PFOA 对小白菜根生长的毒性效应应该受到土壤的性质影响。在 PFOA 暴露影响下，六种土壤中小白菜根伸长的 EC_{50} 和 EC_{10} 值分别表现出从 107～246mg/kg 和从 48～177mg/kg 的差异，阈值范围表现出 2.3 倍和 3.7 倍的变化；而不可见效应浓度（NOEC）也从余江土壤中的 10mg/kg 变化到绥化土壤中的 200mg/kg。另外，在 PFOS 暴露影响下，其中 5 种土壤（大连、江宁、琼山、资中和余江）中小白菜根伸长的 EC_{50} 和 EC_{10} 值也分别表现出从 95～178mg/kg 和从 40～90mg/kg 的差异。NOEC 值表现出由余江、琼山和江宁土壤的 50mg/kg 到大连和绥化土壤的 150mg/kg 变化。通过这些数值可见，在相对“贫瘠”的土壤中（土壤有机质和 CEC 含量较低）PFOS 和 PFOA 的毒性阈值要低于相对“肥沃”的土壤（土壤有机质和 CEC 含量较高）。这表明小白菜在“贫瘠”土壤中的根伸长生长受 PFOS 和

PFOA 的毒性影响要比在“肥沃”土壤中更敏感。上述这些研究表明开展 PFOS 和 PFOA 对土壤植物的毒性风险评估必须要考虑不同的土壤类型，尤其是土壤性质。

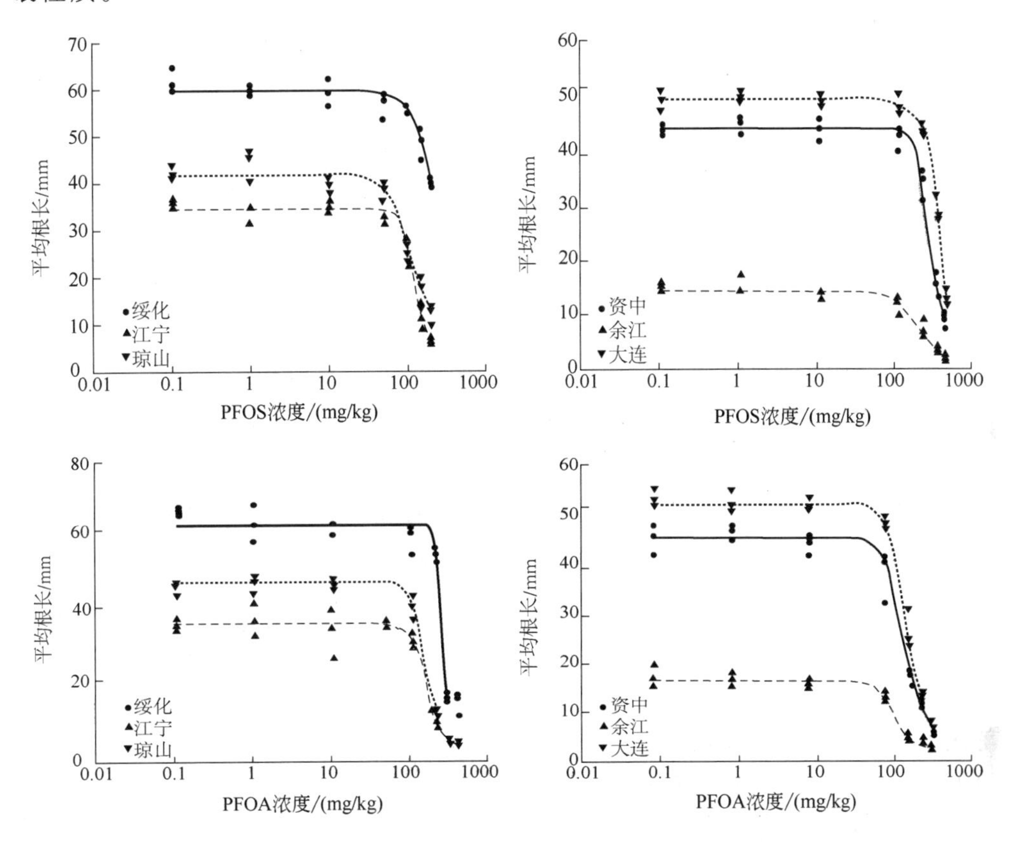

图 2.3 PFOS 和 PFOA 作用下，六种土壤中小白菜根伸长的剂量效应曲线

表 2.3 六种土壤中 PFOS 和 PFOA 对小白菜根伸长的 NOEC、EC_{10} 和 EC_{50} 影响

单位：mg/kg

化合物	土壤	NOEC	EC_{10}	95%置信区间	EC_{50}	95%置信区间	R^2
PFOS	绥化	150	115	98～133	＞200	—	0.91
	江宁	50	72	60～84	122	107～137	0.98
	琼山	50	58	50～66	107	96～118	0.97
	资中	100	83	58～108	119	91～148	0.99
	余江	50	40	29～51	95	81～110	0.94
	大连	150	90	67～113	178	166～190	0.99

续表

化合物	土壤	NOEC	EC_{10}	95%置信区间	EC_{50}	95%置信区间	R^2
PFOA	绥化	200	177	160～194	246	227～265	0.96
	江宁	100	103	80～126	159	117～201	0.99
	琼山	100	98	80～116	146	105～187	0.95
	资中	100	96	89～103	161	154～169	0.98
	余江	10	48	32～61	107	72～143	0.96
	大连	100	120	99～141	193	137～249	0.99

2.3.3 PFOS 和 PFOA 暴露下的毒性阈值和土壤性质的相关关系

六种土壤的性质被测定，见表 2.4，土壤 pH 值范围为 4.73～7.69，土壤 OM 值范围为 5.03～79.54g/kg，土壤 CEC 在 9.58～36.41cmol/kg 之间变化，黏土含量为 13.6%～34.88%。在六种不同土壤的空白实验中，发现小白菜在培养 5d 后的根长度有很大的不同，根的长度从 13mm 到 61mm 不等，这说明不同的土壤性质对小白菜的根伸长有很大的影响。因此我们对在不同土壤，PFOS 和 PFOA 暴露下的毒性阈值和土壤性质也进行了相关性研究。表 2.4 显示了 PFOS、PFOA 的毒性值 EC_{50}、EC_{10} 和 NOEC 与土壤性质（OM、CEC、pH 和 Clay）的相关关系。

表 2.4 PFOS、PFOA 的毒性值 EC_{50}、EC_{10} 和 NOEC 与土壤性质（OM、CEC、pH 和 Clay）的相关关系

化合物	毒性阈值	土壤性质	回归方程[①]	r^2_{adj} /%[②]	SE[③]	P[④]
PFOS	EC_{50}	OM	$\ln EC_{50} = 0.45\ln OM + 3.79$	95.0	0.05	< 0.05
		CEC	$\ln EC_{50} = 0.85\ln CEC + 2.66$	60.4	0.14	< 0.05
		pH	$\ln EC_{50} = 0.13pH + 3.92$	40.3	0.18	> 0.05
		Clay	$\ln EC_{50} = -0.39\ln Clay + 5.96$	36.3	0.18	> 0.05
	EC_{10}	OM	$\ln EC_{10} = 0.33\ln OM + 3.42$	72.1	0.20	< 0.05
		CEC	$\ln EC_{10} = 0.58\ln CEC + 2.73$	47.6	0.27	< 0.05
		pH	$\ln EC_{10} = 0.23pH + 2.85$	36.1	0.29	> 0.05
		Clay	$\ln EC_{50} = -0.58\ln Clay + 6.00$	21.8	0.32	> 0.05
	NOEC	OM	$\ln NOEC = 0.46\ln OM + 3.21$	60.3	0.35	< 0.05
		CEC	$\ln NOEC = 0.78\ln CEC + 2.29$	35.9	0.44	> 0.05

续表

化合物	毒性阈值	土壤性质	回归方程①	r_{adj}^2 /%②	SE③	P④
PFOS	NOEC	pH	$\ln NOEC = 0.29\ pH + 2.99$	21.0	0.49	>0.05
		Clay	$\ln EC_{50} = -0.75\ln Clay + 6.63$	10.5	0.51	>0.05
PFOA	EC_{50}	OM	$\ln EC_{50} = 0.26\ln OM + 4.41$	85.9	0.10	<0.01
		CEC	$\ln EC_{50} = 0.48\ln CEC + 3.80$	64.3	0.16	<0.05
		pH	$\ln EC_{50} = 0.13pH + 4.27$	10.4	0.26	>0.05
		Clay	$\ln EC_{50} = -0.33\ln Clay + 6.08$	1.8	0.28	>0.05
	EC_{10}	OM	$\ln EC_{10} = 0.37\ln OM + 3.63$	69.5	0.23	<0.05
		CEC	$\ln EC_{10} = 0.66\ln CEC + 2.83$	47.0	0.30	<0.05
		pH	$\ln EC_{10} = 0.19pH + 3.41$	6.9	0.40	>0.05
		Clay	$\ln EC_{50} = -0.42\ln Clay + 5.86$	0.0	0.43	>0.05
	NOEC	OM	$\ln NOEC = 0.72\ln OM + 2.48$	33.3	0.84	>0.05
		CEC	$\ln NOEC = 1.12\ln CEC + 1.31$	10.3	0.97	>0.05
		pH	$\ln NOEC = 0.55\ pH + 0.88$	20.1	0.92	>0.05
		Clay	$\ln EC_{50} = -1.05\ln Clay + 7.46$	0.0	1.05	>0.05

① 线性回归方程。
② 调整相关系数。
③ 标准误差。
④ 置信区间。

从表 2.4 中可以看到，土壤中 OM 值与 PFOS 和 PFOA 的这些毒性阈值显示了最好的相关性，其次是 CEC 值。土壤中 OM 值能分别解释 PFOA 在不同土壤中的 EC_{50}、EC_{10} 和 NOEC 变量的 85.9%、69.5% 和 33.3%；而 CEC 值能分别解释 64.3%、47.0% 和 10.3%。在所有的回归方程中，OM 和 CEC 的回归系数均为正值，这表明随着土壤中的 OM 和 CEC 的增加，PFOS 和 PFOA 对植物的毒性作用将减少。在 EC_{50}、EC_{10} 和 NOEC 三个关系中，EC_{50} 的模型是最强的，r_{adj}^2（%）均在 85%以上，NOEC 的模型是最弱的，这可能与 NOEC 值的估测方法有关。采用 Minitab15 软件的 Duncan 多重范围检验来估测 NOEC 值，常常会使 NOEC 值偏高或偏低。图 2.4 显示了 OM 和 CEC 与 PFOS 和 PFOA 的毒性阈值 EC_{50} 线性关系。从图 2.4 可以看到，它们之间表现出很强的相关性，相关系数分别为 $r_{OM} = 0.88$ 和 $r_{CEC} = 0.81$。另外，两个土壤性质 pH 值和黏土含量与这些毒性阈值的相关性并不是很好。土壤的 pH 值只能分别解释 PFOA 和 PFOS 在不同土壤中的 EC_{50} 变量的 10.4%和 40.3%，黏土含量只能分别解释 1.8%

和 36.3%。土壤 pH 值和黏土含量与毒性阈值的这些弱相关可能暗示它们对土壤吸附 PFOS 和 PFOA 的影响非常小。综上分析，可以认为土壤对 PFOS 和 PFOA 的吸附作用可能是影响 PFOS 和 PFOA 对植物毒性和生物可利用性的一个关键因素。

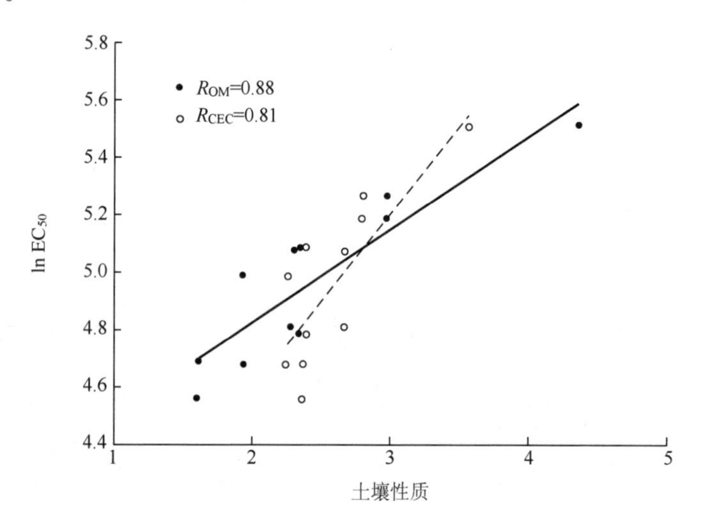

图 2.4 PFOS 和 PFOA 的毒性阈值和 OM 及 CEC 的相关性

2.4 结论

在这一研究中，PFOS 和 PFOA 对高等植物的毒性被调查。在溶液中，实验浓度为 0.1～400mg/L 的范围内，PFOS 几乎对种子萌发没有影响。但对四种受试植物的根伸长却有显著的影响。根据 EC_{10}、EC_{50} 和 NOEC 值，四种受试植物对 PFOS 和 PFOA 的暴露的敏感度由大到小的顺序是：小白菜 > 莴苣 > 紫花苜蓿 > 萝卜，且 PFOS 对四种植物的毒性要大于 PFOA。在六种土壤中，PFOS 和 PFOA 对小白菜的毒性作用是不同的，引起 EC_{50} 的范围 PFOS 为 161～363mg/L，PFOA 为 281～445mg/L 不等。土壤 OM 被发现和 PFOS 和 PFOA 的毒性阈值有最好的相关性，其次是 CEC，这一结果暗示土壤对 PFOS 和 PFOA 的吸附作用是影响 PFOS 和 PFOA 生物可利用性和毒性的一个重要因素。

参考文献

[1] Van de Vijver K I, Hoff P, Das K, et al. Tissue distribution of perfluorinated chemicals in harbor seals (*Phoca vitulina*) from the Dutch Wadden Sea [J]. Environmental Science & Technology, 2006, 39(18): 6978-6984.

[2] Yeung L W Y, So M K, Jiang G B, et al. Perfluorooctanesulfonate and related fluorochemicals in human blood samples from China [J]. Environmental Science & Technology, 2006, 40(3): 715-720.

[3] Blake D K, Robert D H, Craig S C. Fluorinated Organics in the Biosphere [J] . Environmental Science & Technology, 2007, 31(9): 2445-2454.

[4] Kannan K, Franson J C, Bowerman W W, et al. Perfluorooctanesulfonate in fisheating water birds including bald eagles and albatrosses [J]. Environmental Science & Technology, 2001,35(15): 3065-3070.

[5] Joseph W D. Effects on rodents of perfluorofatty acid [M]. The handbook of environmental chemistry. 2002.

[6] Banks M K, Schultz K E. Comparison of plants for germination toxicity tests in petroleum-contaminated soils [J]. Water, Air, and Soil Pollution, 2005,167: 211-219.

[7] Greene J C, et al. Protocols for short term toxicity screening of hazardous waste sites[S] . US Environmental Protection Agency, EPA, 1988.

[8] International Organization for Standardization(ISO). Soil Quality Determination of the Effects of Pollutants on Soil Flora[S]. Part 2: Effects of Chemicals on the Emergence and Growth of Higher Plants. 1993,11269-11284.

[9] 史瑞和，鲍士旦．土壤农化分析[M]. 2 版．农业出版社，1992.

[10] Jackson M L. Soil chemistry analysis. Prentice Hall, Englewood Cliffs, NJ. 1958.

[11] 南开大学，杭州大学环境化学教研室．环境化学实验指南[M]．浙江教育出版社，1987: 72-77.

[12] Day R R, in: C.A. Black(Ed.), Methods of Soil Analysis, Part I, Am.Soc. Agron., Madison, WI, 1965: 545-566.

[13] USEPA. Ecological effects test guidelines: Seed germination/root elongation toxicity test. Washington, DC: OPPTS, 1996.

[14] OECD guidelines for the testing of chemicals. Proposal for updating guideline 208. Terrestrial plant test: 208. Seedling emergence and seedling growth test, Draft Document, 2003.

[15] Haanstra L, Doelman P, Oude V J H. The use of sigmoidal dose response curves in soil ecotoxicological research [J]. Plant and Soil, 1985, 84: 293-297.

[16] Corinne P R, Zhao F J, et al. Phytotoxicity of nickel in a range of European soils: Influence of soil properties, Ni solubility and speciation [J]. Environmental Pollution, 2007, 145: 596-605.

[17] Mulligan C, Yong R, Gibbs B, et al. Metal removal from contaminated soil and sediments by the biosurfactant surfactin [J]. Environmental Science & Technology, 1999, 33: 3812-3820.

[18] Chu W, So W S. Modeling the two stages of surfactant-aided soil washing [J]. Water Research. 2001, 35: 761-767.

[19] Mieure J P, Waters J, Holt M S, et al. Terrstrial safety assessment of linear alkylbenzene sulfonate [J]. Chemosphere, 1990, 21: 251-262.

第 3 章

PFOS和PFOA对小麦的植物毒性影响研究

3.1 引言

PFOS 和 PFOA 是近年来逐渐引起人们关注的一类典型全氟化合物。该化合物具有优良的热稳定性、化学稳定性、高表面活性及疏水疏油性能，能够在环境介质中长期存在[1,2]。由于其能够被生物富集并具有显著的生物毒性，它们现已成为继有机氯农药、二噁英之后的一种新型持久性有机污染物[3,4]。

目前 PFOS/PFOA 已在众多环境介质和生物样品中被检测到，该化合物的潜在生态和健康影响正在引起人们的广泛关注。通常污染物的毒物学分析对于生态和人类的健康风险评估是不可缺少的。一些近年来的研究证实 PFOS/PFOA 能够对水生生物产生急性毒性影响[5-7]。然而，只有非常有限的研究关注 PFOS/PFOA 对陆生物种的毒性影响[8,9]。尤其是位于美国亚拉巴马州的农业土壤中发现高水平的 PFOS/PFOA，这一现象已引起人们的关注[10]，而 Stahl 的研究已表明[11]，PFOS/PFOA 完全能够实现从土壤到植物体内的迁移，那么迁移到植物体内的 PFOS/PFOA 能否对植物的生长产生影响，尤其是农作物，这是值得关注的问题。

在本章中，将以我国主要的农作物小麦为目标植物，通过一系列毒性测试来评价 PFOS/PFOA 对小麦的植物毒性影响。具体包括根和叶的长度和生物量，幼苗中叶绿素、可溶性蛋白、超氧化物歧化酶、过氧化物酶的含量变化以及根细胞的渗透性变化，以期对 PFOS/PFOA 的植物毒性获得较好的理解。

3.2 材料和方法

3.2.1 材料

PFOS 和 PFOA（纯度 >98%）购买于 Fluka 公司，测试化学品的储备液使用聚丙烯容器并用去离子水配制。研究中所有的试剂使用分析纯级别。测试小麦为辽春 1 号，购买于辽宁东亚种业有限公司。

3.2.2 植物培养和处理

小麦种子用 5% 次氯酸钠溶液浸泡 10min，然后用蒸馏水彻底清洗。处理后的小麦种子在湿滤纸上萌发 5d，然后将秧苗转移到 1L 的玻璃烧杯中继续培养（内含半 Hoagland 营养液）。秧苗在实验室温度（25±0.2）℃，40W 荧光灯下光照培养，光照期为 16h/d。当小麦根长长至（12±1）cm，叶长为（9±1）cm 时，秧苗被用来进行不同的毒物学试验。进行毒物学试验的秧苗被置于 200mL 聚乙烯罐中，内含 50mL 不同 PFOA 浓度（0.1mg/L、1mg/L、10mg/L、100mg/L 和 200mg/L）的半霍格兰（Hoagland）溶液。秧苗的根部在整个试验期位于液面下，试验过程中损失的液体用去离子水补充[12]。7d 后，分别收获不同的组织，冷冻干燥后保存在−80℃冰箱以便进一步分析。为了测试干生物量，植物组织经 70℃烘箱处理至恒重。

3.2.3 叶绿素测定

收集不同处理的小麦叶片，称重后将叶片放置于含有 5mL *N,N*-二甲基甲酰胺的测试管中，4℃经 24h 暗处理进行叶绿素提取。用 V-560 紫外可见分光光度仪对 2.0mL 样品分别在 664.5nm 和 647nm 下进行叶绿素 a 和叶绿素 b 的测试。根据 Inskeep 和 Bloom 的方法对消光系数赋值后评估叶绿素的浓度[13]。总的叶绿素含量等于叶绿素 a 和叶绿素 b 的浓度和。

3.2.4 可溶性蛋白的测定和酶活分析

将 0.1g 根和叶组织在 4mL 提取缓冲液［50mmol/L $NaH_2PO_4 \cdot Na_2HPO_4$；1% 聚乙烯吡咯烷酮（PVP）；pH 7.8］中进行匀浆处理后。经 12857×*g*，4℃下离心 30min。上清液用作可溶性蛋白（SP）分析[14]，可溶性蛋白的含量测定采用考马斯亮蓝 G-250 法完成[15]。

酶提取程序借鉴 Yin 的方法[16]，简要地，酶的提取和准备在 4℃完成，分别称取小麦根和叶 0.3g，用 1.5mL 预冷的提取缓冲液［包含 50mmol/L Tris-HCl（pH 7.8）、1mmol/L EDTA 和质量分数 1.5%的聚乙烯吡咯烷酮（PVP）］进行匀浆处理。10000×*g* 离心 30min 后，上清液在−80℃冰箱保存以便进一步分析。

超氧化物歧化酶（SOD）活性通过分析光化学还原氮蓝四唑（NBT）的抑制量来测定[17]，总的 3mL 反应混合液包含 50mmol/L pH 7.8 磷酸缓冲液，10mmol/L 甲硫氨酸，56mmol/L NBT 和 30μL 酶液。560nm 下进行溶液吸光值的测定。

过氧化物酶（POD）的活性根据愈创木酚因氧化在 470nm 下的吸光率的变化来测定。根据 1min 内 3mL 反应液（100mmol/L pH 7.0 磷酸钾缓冲液，20mmol/L 愈创木酚，10mmol/L 过氧化氢和 50μL 酶液）的变化进行活性检验[18,19]。

3.2.5 根细胞渗透性的测定

新鲜的小麦根用去离子水冲洗后称取 1.0g（鲜重）装入 15mL 聚四氟塑料离心管，用 10mL 不同浓度（0.1～200mg/L）的 PFOA 处理 4h，然后摒弃管中液体，将小麦根用去离子水反复冲洗。然后将 10mL 去离子水添加到管中，在（25±0.2）℃，150r/min 下振荡 4h 后，用电导率仪测定管中液体的电导率，计为 R_1，再将管在沸水浴下进行 15min 处理，再次测定电导率，计为 R_2，将 R_1/R_2 值作为不同 PFOA 处理下的相对电导率值[20]。

3.2.6 统计分析

统计分析采用 SPSS13.0 软件，概率值 $p < 0.05$ 被视为有统计意义，采用 ANOVA 检验来进行不同处理之间的差异分析，结果用±SE 进行表述。全部试验重复三次。

3.3 结果与讨论

3.3.1 PFOS 对小麦的植物毒性影响

3.3.1.1 PFOS 对小麦生物量的影响

在 7d 暴露培养后，统计分析显示 PFOS 对小麦苗的生长有显著的影响，如

图 3.1 所示。由图 3.1 看见，当 PFOS 的浓度小于或等于 1mg/L 时，在霍格兰氏（Hoagland's）培养液中，PFOS 的存在能够对小麦的生长有一定的促进作用。当浓度是 0.1mg/L 时，和空白实验比较，小麦根和叶子的干重分别增加了 15.3% 和 7.5%。然而当 PFOS 的浓度增加到 10mg/L 时，PFOS 对小麦的生长则表现出抑制作用。当浓度进一步提高，这种抑制作用也增强。当 PFOS 的浓度达到 200mg/L，小麦的根伸长只达到了空白实验的 84.3%，叶子的长度只达到了空白实验的 88.0%。此外还发现，在相同实验条件下，PFOS 对小麦的根伸长的影响要远远大于对叶子的影响。

先前的研究已经表明，土壤中的一些有机污染物如除草剂、杀虫剂能对植物产生一系列的生理抑制作用[20,21]。正如在图 3.1 中所示，当小麦暴露在高浓度的 PFOS（≥10mg/L）时，小麦根和叶的伸长和生物量都表现了一定的抑制作用。然而在一定的低浓度下（≤1mg/L），轻微的刺激作用被发现，推测这种现象可能是由 PFOS 的表面活性剂的作用引起的，一些离子性表面活性剂能够促进植物对周围营养成分的吸收，类似的实验现象也有报道[22,23]。

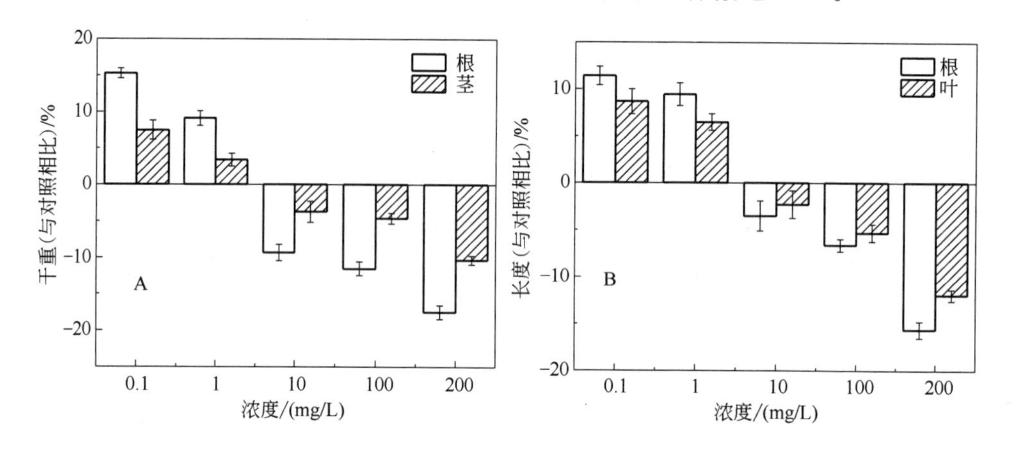

图 3.1 PFOS 对小麦苗的生长的影响

3.3.1.2 PFOS 对叶绿素浓度的影响

图 3.2 显示了 PFOS 的浓度对小麦体内叶绿素总含量的影响。从图 3.2 中可以看到在 7d 暴露后，当 PFOS 的浓度小于或等于 10mg/L 时，叶绿素的生物合成提高；当 PFOS 的浓度是 0.1mg/L 时，和空白对照相比，这种提高作用达到了 25.8%。然而，当 PFOS 浓度高于 10mg/L 时，叶绿素的生物合成则被抑制；

当 PFOS 浓度是 100mg/L 时，和空白相比，这种抑制作用是非常显著的（$p < 0.05$）。当 PFOS 浓度达到 200mg/L 时，叶绿素生物合成的抑制率达到了 42.0%。叶绿素 a 和叶绿素 b 呈现出相似的变化趋势，如表 3.1 所示。图 3.3 显示了小麦叶子的表观变化特征。由图 3.3 可见，在暴露 7d 后，随着 PFOS 的浓度的增加，小麦叶子的颜色逐渐由绿色变成黄色。

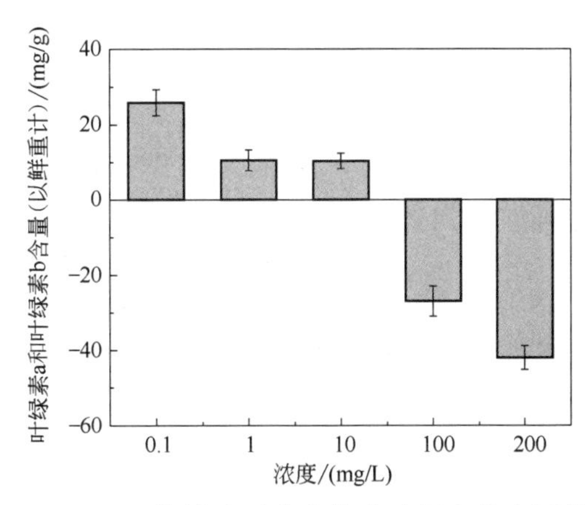

图 3.2 PFOS 的浓度对小麦体内叶绿素总含量的影响

表 3.1 小麦叶子中叶绿素的含量变化

浓度/(mg/L)	叶绿素 a/(mg/g)	叶绿素 b/(mg/g)	总叶绿素/(mg/g)
对照	0.64（0.02）	0.21（0.02）	0.85（0.02）
0.1	0.81（0.04）	0.27（0.03）	1.08（0.03）
1	0.72（0.03）	0.23（0.03）	0.95（0.03）
10	0.71（0.02）	0.24（0.04）	0.94（0.02）
100	0.47（0.02）	0.15（0.02）	0.63（0.03）
200	0.38（0.02）	0.12（0.01）	0.50（0.02）

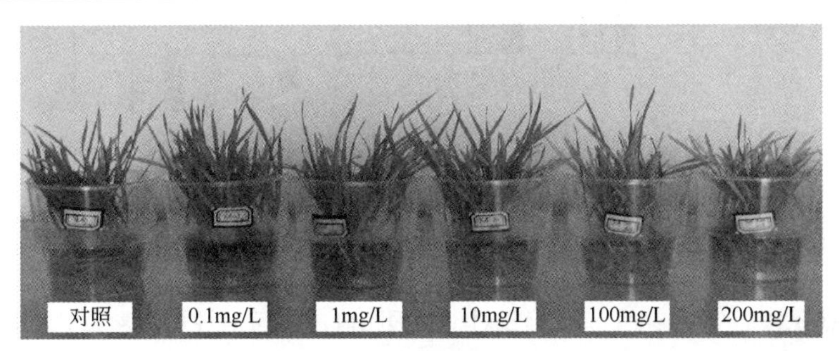

图 3.3 不同浓度下，PFOS 培养 7d 后，小麦叶颜色的变化（附彩图）

一些研究已经证明叶绿素的含量的降低通常可以被用来监测对植物生长损坏的一种宏观特征[17,21,24]。在目前的研究中，发现随着 PFOS 浓度的增加，叶绿素的富集明显被抑制，这可能暗示在 PFOS 高浓度的暴露下，小麦的捕光复合物的形成可能被破坏。然而在低浓度下 PFOS 为什么能够促进小麦体内叶绿素的富集，并不是很清楚。推测在低浓度下的这种促进作用可能的原因是：在 Hoagland's 营养液中，镁元素（Mg）和氮元素（N）大量存在[25]，正如我们所知，Mg 和 N 是叶绿素合成过程中必不可少的两种元素，而低浓度 PFOS 的加入可能促进小麦根对它们的吸收，从而使叶绿素的富集增强。

3.3.1.3 PFOS 对可溶性蛋白的影响

图 3.4 显示了在 7d 暴露后，PFOS 对小麦根和叶内的可溶性蛋白含量的影响。尽管在根和叶内的可溶性蛋白的含量是不同的，但是它们显示了相似的变化趋势。在 7d 暴露后，0.1～1.0mg/LPFOS 的加入能够显著诱导根和叶中可溶性蛋白的合成。当 PFOS 的浓度是 0.1mg/L 时，叶子中的可溶性蛋白的含量和空白相比增加了 39%。然而随着 PFOS 浓度的增加，根和叶中的可溶性蛋白的合成逐渐被抑制，当 100～200mg/L 的 PFOS 加入时，根和叶中的可溶性蛋白的含量显著降低。在 PFOS 浓度是 200mg/L 时，根和叶中可溶性蛋白的含量分

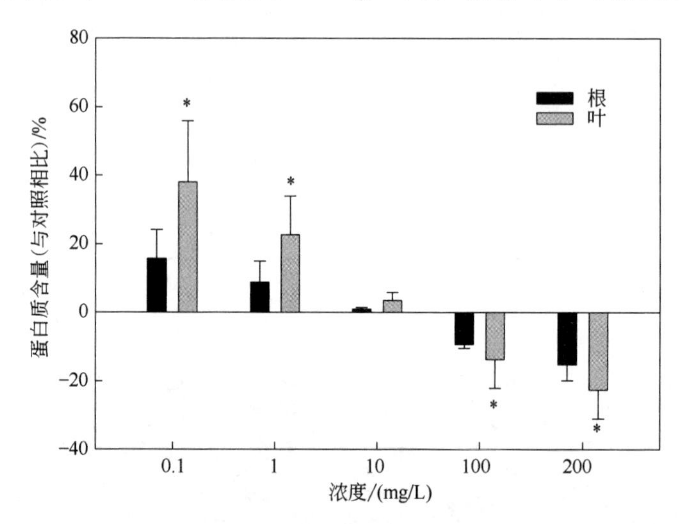

图 3.4 7d 暴露后，PFOS 对小麦根和叶内的可溶性蛋白含量的影响

别只占空白试验的 82.0%和 72.7%。然而在 10mg/LPFOS 的暴露试验中，根和叶中可溶性蛋白的含量与空白实验中可溶性蛋白的含量基本上没有显著性的区别（$p < 0.05$）。

可溶性蛋白是植物代谢过程中的重要组成部分，可溶性蛋白的含量是植物生长的重要参数[26]。研究结果显示，在低浓度（PFOS 为 0.1～1mg/L）暴露的情况下，在 7d 暴露后，小麦的根和叶内的可溶性蛋白的含量显著增加。这一结果暗示，低浓度的 PFOS 能够诱导小麦体内可溶性蛋白的合成。类似的实验现象和结果在其他污染物和植物也被报道过[27,28]。这可能是由植物的应激反应所引起的（引起激素分泌失常或逆境蛋白的表达）[29]。然而在高浓度暴露下，PFOS 对植物引发毒性作用则成为主导作用，因此可溶性蛋白的合成能力被高水平的 PFOS 抑制。

3.3.1.4 PFOS 对酶活的影响

在 PFOS 暴露的影响下，小麦的抗氧化酶活性和空白实验比呈现出一定的变化。当用 0.1～10mg/L PFOS 浓度处理时，小麦根和叶中的 SOD 酶活性显著增加。当 PFOS 的暴露浓度是 10mg/L 时，SOD 酶的活性最大，和空白试验比，在根和叶中 SOD 酶活性分别上升 20.5%和 12.8%。然而当 PFOS 的浓度进一步上升，却导致这种活性作用降低，如图 3.5A 所示。当 PFOS 的浓度达到 200mg/L

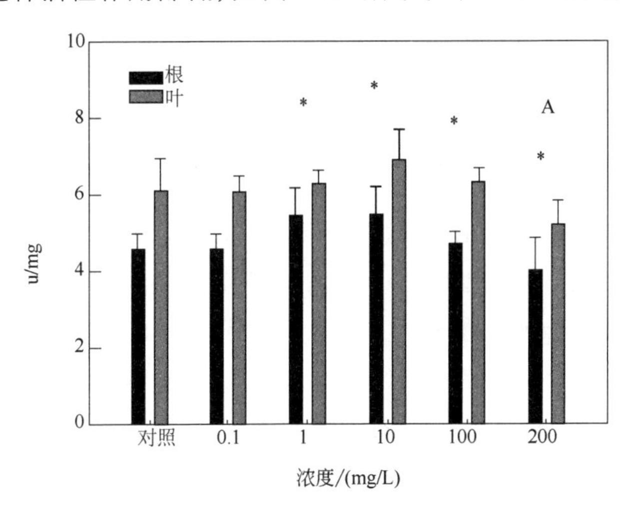

图 3.5

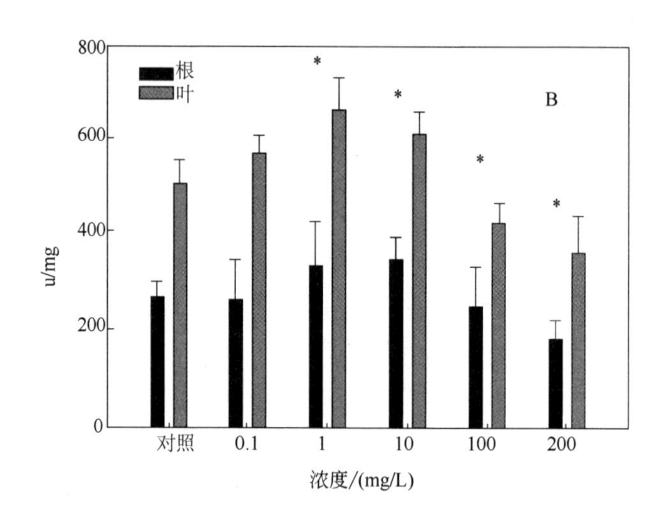

图 3.5 PFOS 对小麦苗中 SOD 和 POD 的影响

时，PFOS 能显著抑制根中的 SOD 酶活性，使 SOD 活性降低 12.6%。叶中的 SOD 的变化趋势和根中的变化趋势基本相同。在根中 POD 酶活性随着 PFOS 浓度在 0.1～10mg/L（图 3.5B）范围内的增加而增大。然而当 PFOS 浓度从 10mg/L 到 200mg/L 时，POD 酶活性呈现降低的趋势。随着 PFOS 的浓度从 1mg/L 到 200mg/L，在叶中 POD 酶表现出一种降低的趋势。当 PFOS 的浓度是 200mg/L 时，PFOS 显著抑制了 POD 的活性，使 POD 活性降低 27.9%。在叶中 POD 酶的最高活性在 1mg/L PFOS 的暴露情况下，此时的酶活性和空白相比高出 30.5%。

先前的研究表明，当植物暴露在一些污染物中时，植物体内会产生更多的活性氧类物质（AOS）[30]，为了消除或降低这些过多的 AOS，植物会产生一些抗氧化物，包括 SOD、POD 和过氧化氢酶（CAT）[31]，这些活性酶为保证植物体内 AOS 维持在一合理的浓度范围内发挥着重要的作用。在这一研究中，当 PFOS 的浓度从 0.1mg/L 增加到 100mg/L，根和叶中 SOD 酶活性也随着增加。这可能暗示 PFOS 的存在能导致植物体内更多的 AOS 产生，从而诱导更多的 SOD 产生去消除 AOS 如 O_2^-。随着 PFOS 的浓度从 0.1mg/L 增加到 10mg/L，POD 活性也随着增加。这可能是由 SOD 酶产生过多的 H_2O_2 引起的。很多研究已经表明，SOD 酶是抗氧化体系的最初防线，能催化 O_2·发生歧化反应生成 H_2O_2 和 O_2 [32]。H_2O_2 是高毒性物质，在细胞内必须控制在低水平的含量，而

POD被认为是一种最重要的控制 H_2O_2 水平的酶，能够催化 H_2O_2 反应生成 H_2O 和其他无毒物质[33]。在小麦苗内SOD和POD酶活性的变化能够反映植物抗氧化体系的动态平衡，这和其他染物在植物体内的胁迫作用是类似的[34]。

SOD和POD活性的增加是去除过氧化物和保持细胞功能的一种典型的抑制效应。然而当小麦被暴露在高水平的PFOS（200mg/L）的时候，对SOD和POD活性的抑制作用是非常显著的（$p < 0.05$）。这可能是小麦体内的抗氧化体系的损坏引起的。这也暗示植物体内的抗氧化体系的保护能力是有限的，随着污染物浓度的增加，污染物对小麦的损害是不可避免的。

3.3.1.5 PFOS对根细胞渗透性的影响

污染物对根细胞电渗的影响通常被认为是一个反映细胞渗透性的指数[34]。而植物根细胞的电渗通常可通过电导率测定。在这一研究中，PFOS对小麦根细胞电渗的影响也被研究，如图3.6所示。由图可见，随着PFOS浓度的增加，相对电导率也提高。在实验浓度0.1mg/L到100mg/L的范围内，随着PFOS浓度的增加，小麦根细胞的渗透性的增加是相对缓慢的，然而当PFOS的浓度从100mg/L增加到200mg/L时，根细胞的渗透性显著增加，此时的相对电导率是空白试验的2.73倍。

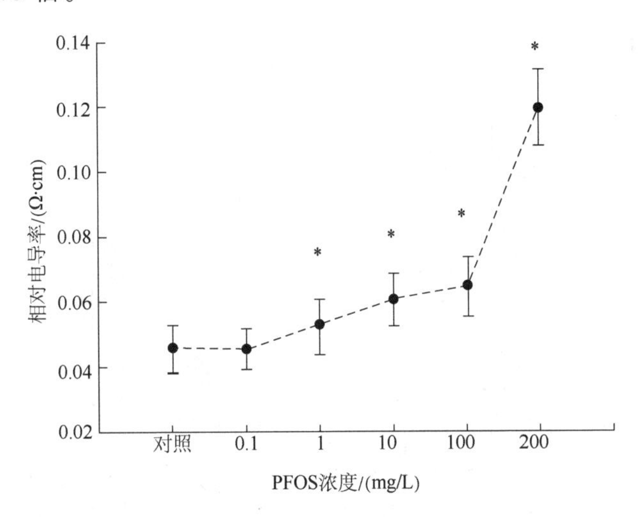

图3.6 PFOS对小麦根细胞电渗的影响

低浓度的 PFOS 能够轻微地提高根细胞的渗透性，这可能是由 PFOS 的表面活性剂的作用引起的。先前的一些研究已经表明表面活性剂能够提高植物细胞膜的渗透性，类似的现象也被报道[36,37]。高浓度的 PFOS 使细胞的渗透性剧烈增加，这可能暗示在高浓度的抑制下，小麦的根细胞膜被 PFOS 完全破坏，以至于渗透性迅速增大。根据 t-tests 的结果显示，在 100mg/L 和 200mg/L 暴露下，根细胞的渗透性是显著不同的（$p < 0.05$）。

3.3.2 PFOA 对小麦的植物毒性影响

3.3.2.1 PFOA 对小麦生物量的影响

经过 7d 的暴露试验，PFOA 对小麦秧苗的生长影响如图 3.7 所示。由图可见，随着培养液中 PFOA 浓度的增加，小麦的生长逐渐受到抑制。其中根对 PFOA 的响应要比叶敏感，当 PFOA 浓度为 100mg/L 时，小麦根的生长已产生明显抑制，长度比对照减少 14.2%（$p < 0.05$），而叶仅比对照减少 4.5%（$p < 0.05$）；当 PFOA 浓度为 800mg/L 时，小麦根和叶的生长均受到明显的抑制，长度分别比对照减少 50.9%和 20.1%（$p < 0.05$）。尽管低浓度下（0.1～10mg/L）PFOA 对小麦生长的抑制不显著，然而试验中发现在 0.1mg/L 浓度下，PFOA 对小麦根的生长有很小的促进作用（7.3%）。

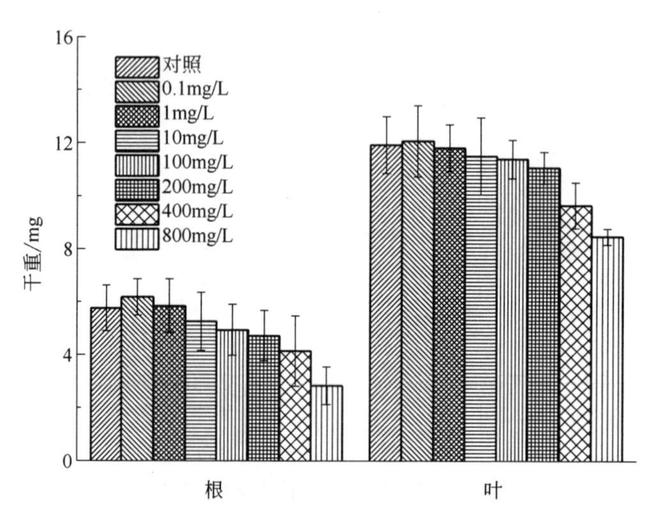

图 3.7 PFOA 对小麦秧苗生长的影响

一些实验已经证实，像杀虫剂、除草剂、多环芳烃以及它们在土壤中的残渣等能够对植物产生生理胁迫影响。本研究中，PFOA 的暴露同样能够对小麦的生长产生胁迫，当小麦暴露在高浓度 PFOA（≥100mg/L）会明显抑制小麦根和叶的生长。然而另一方面，低浓度 PFOA（0.1mg/L）对小麦根生长的促进可能是由于 PFOA 作为表面活性剂，容易促进根对营养物质的吸收。在对 PFOS 的研究中也有类似现象。

3.3.2.2 PFOA 对小麦叶绿素含量的影响

PFOA 浓度和小麦叶片总叶绿素含量的变化之间的关系见图 3.8，由图可见，随着 PFOA 浓度的增加，经过 7d 的暴露，小麦植物的叶绿素合成逐渐受到抑制。当浓度达到 100mg/L 时，小麦植物的叶绿素含量和对照之间产生显著性的变化（$p < 0.05$），叶绿素的合成量被抑制 28.2%。当浓度达到 800mg/L 时，则有 74.6%的叶绿素合成被抑制。叶绿素 a 和叶绿素 b 表现出同样的趋势，见表 3.1。肉眼可见的变化是小麦的叶片颜色逐渐变黄。

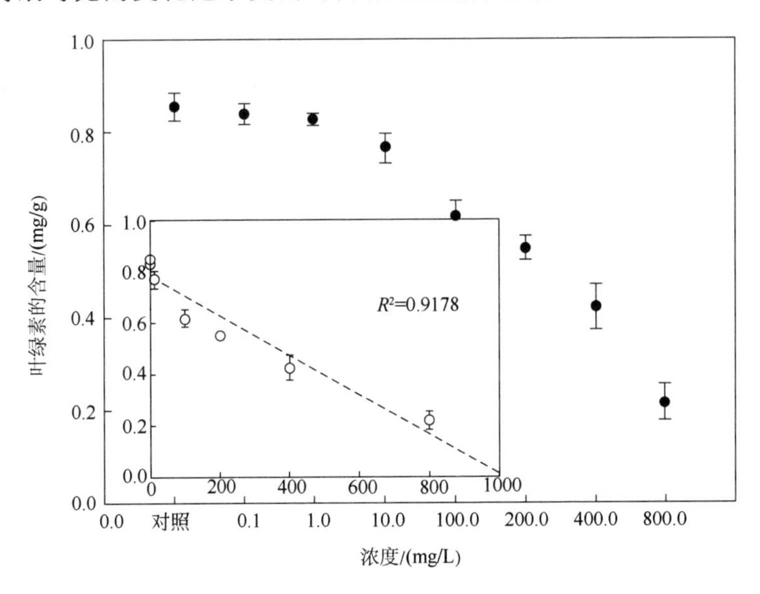

图 3.8 PFOA 对小麦叶中总叶绿素浓度的影响

研究已经证明，叶绿素含量的降低能够作为显著的症状来监控污染物对植物生长和发育的损伤[16,20]。在这个研究中，高浓度 PFOA 暴露下，叶绿素的累积明显受到抑制，这可能是由于高浓度 PFOA 能够扰乱小麦叶片中光捕获机制的形成，从而影响植物叶片的叶绿素含量。

3.3.2.3 PFOA 对小麦根细胞渗透性的影响

污染物对植物根细胞电解质渗透的影响可被视为根细胞渗透性的指标。通常，植物根细胞的电解质渗透可以通过传导率加以测定。在这个试验中，PFOA 对小麦根细胞电解质渗透的影响如图 3.9 所示，由图可见，在 0.1～100mg/L 浓度范围内，小麦根细胞电解质的相对传导率仅表现略微的增加，当浓度由 100～800mg/L 变化时，其相对传导率急剧增加，为对照的 14.5 倍。线性拟合显示，PFOA 的浓度和根细胞相对传导率之间存在显著的线性相关（$R^2 = 0.9848$）。

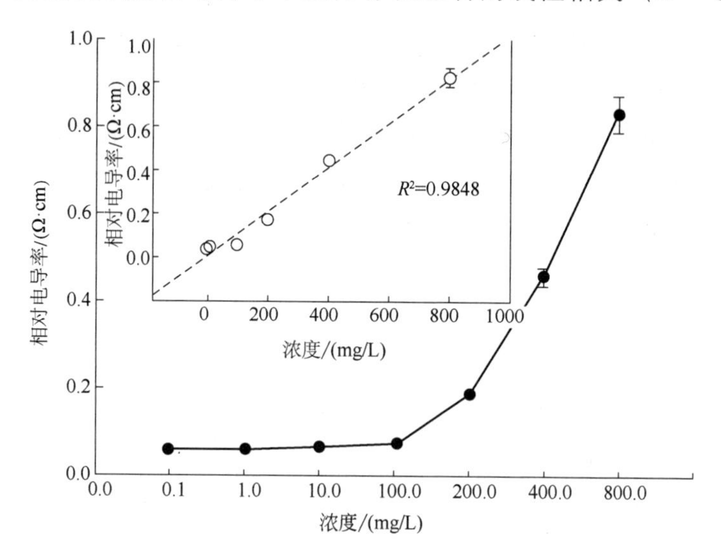

图 3.9 PFOA 对小麦根细胞渗透性的影响

低浓度的 PFOA 能够导致根细胞渗透性的略微增加，这可能是由于 PFOA 作为表面活性剂能够增加植物根细胞膜的渗透性，一些类似的实验在先前的研究中已经被报道到[35,36]。高浓度的 PFOA 能够显著增加根细胞的渗透性，暗示高浓度胁迫下，植物根细胞膜的完整性被逐渐破坏。

3.3.2.4 PFOA 对可溶性蛋白和酶活的影响

7d 暴露试验后，PFOA 对小麦根和叶中可溶性蛋白含量的影响如图 3.10 所示，尽管在小麦根和叶中可溶性蛋白的含量不同，但是根和叶中的蛋白含量却表现出类似的变化。低浓度下（0.1～10mg/L），PFOA 没有导致小麦根和叶中蛋白含量的显著变化，随着培养液中 PFOA 浓度的增加，小麦的根和叶中的蛋白含量逐渐降低，当 PFOA 浓度为 100mg/L 时，小麦根的蛋白含量已开始明显下降，达到对照的 15.0%（$p < 0.05$），对叶而言，当 PFOA 浓度为 400mg/L 时，叶中的蛋白含量才出现显著下降，为对照的 7.0%。而当 PFOA 浓度为 800mg/L 时，根和叶中可溶性蛋白的含量分别下降了 66.3%和 26.3%，同小麦生物量的变化类似，根中的蛋白同样表现出比叶敏感的趋势。

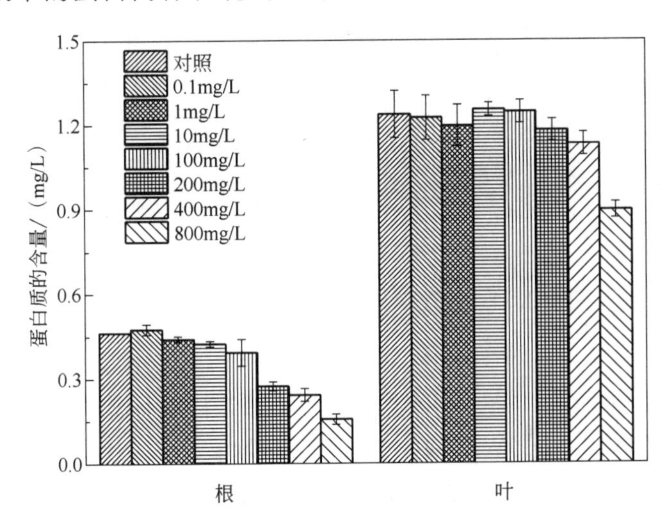

图 3.10 PFOA 对小麦苗可溶性蛋白含量的影响

可溶性蛋白通常跟植物的许多类型的代谢活性有关，可溶性蛋白的含量是植物生长的重要参数。我们的数据指出，高浓度的 PFOA 能够引起植物的毒性效应，从而导致可溶性蛋白的合成被抑制。

3.3.2.5 PFOA 对小麦苗抗氧化酶的活性影响

PFOA 对小麦苗中的 SOD 酶的影响如图 3.11 所示。在不同浓度 PFOA 暴露下，小麦苗抗氧化酶的活性随着 PFOA 浓度在 0.1～100mg/L 范围发生变化，根和叶中 SOD 酶活性呈现增加的趋势，对于小麦根而言，在 100mg/L 浓度下，其 SOD 酶的活性达到最大值，对于叶而言，在 10mg/L 时 SOD 酶的活性达到最大值，分别比对照增加 22.4%和 15.5%。此后随着 PFOA 浓度的增加，SOD 酶活性显著抑制，当 PFOA 的浓度达到 800mg/L 时，小麦根和叶中 SOD 酶活性分别被抑制 50.6%和 36.8%。

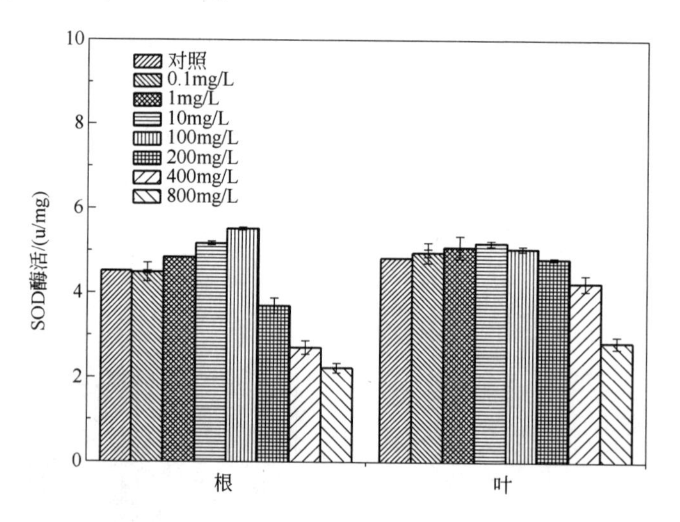

图 3.11 PFOA 对小麦苗中 SOD 的影响

在根中 POD 酶活性随着 PFOA 浓度在 0.1～1mg/L（图 3.12）范围内的增加而增大。当 PFOA 浓度从 1mg/L 增加到 800mg/L 时，POD 酶活性呈现出逐渐降低的趋势。在叶中 POD 酶同样表现出类似的变化。与空白对照相比较，

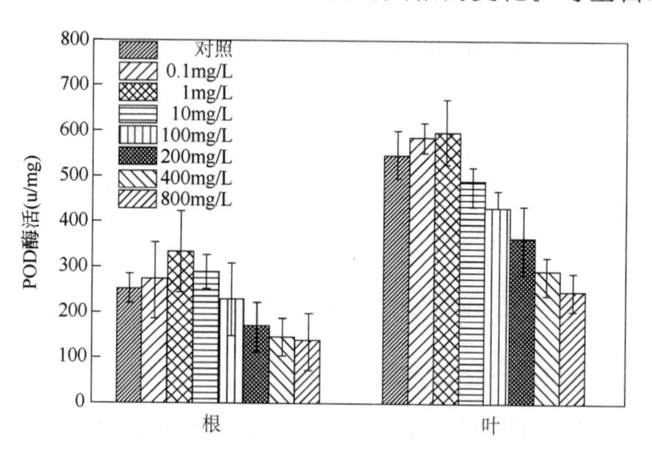

图 3.12 PFOA 对小麦苗中 POD 的影响

当 PFOA 的浓度是 800mg/L 时，PFOA 抑制 POD 的活性分别为：根 27.9%，叶 50.9%。在叶中 POD 酶的最高活性被观察在 1mg/LPFOS 的暴露情况下出现，此时的酶活性和空白相比高出 30.5%。

正如前面所讨论，当植物的生长受到污染物胁迫时，植物体内的活性氧类物质（AOS）的含量会增加。为了降低或消除 AOS，植物能够启动抗氧化酶促防御系统，如 SOD、POD 和 CAT 等，在这个研究中，根和叶中 SOD 酶活性随着 PFOA 浓度在 0.1～100mg/L 的变化范围内呈现增加的趋势，这表明 PFOA 的存在能够诱导植物产生更多的 AOS，进而促使植物体内 SOD 酶的合成增加，以消除过多 AOS 所产生的 O_2^-。PFOA 浓度的增加也同样能够引起小麦苗中 POD 酶活的增加。当小麦苗暴露在高浓度的 PFOA 中（$>$200mg/L），根和叶中的 SOD 酶和 POD 酶活性均被显著抑制（$p<0.05$），这可能是由于小麦苗的抗氧化防御体系被破坏。类似现象在 PFOS 对植物的胁迫中也存在。综上这些结果也暗示植物的抗氧化防御能力是有限的。污染物的浓度增加到一定程度，小麦苗受到伤害是不可避免的。

3.4 结论

在这一研究中，不同水平 PFOS/PFOA 对小麦的生态毒理学的影响被调查。低浓度的 PFOS/PFOA（$<$10mg/L）能轻微促进小麦苗的生长，诱导叶绿素和可溶性蛋白的合成。高浓度的 PFOS/PFOA（$>$100mg/L）能对小麦苗的这些功能产生抑制，如 PFOS，当 PFOS 的浓度达到最大实验浓度 200mg/L 时，培养 7d 后，对小麦的根伸长、叶绿素的含量及可溶性蛋白含量的抑制率分别为 15.7%、42.0%和 18.0%。此外，小麦苗的抗氧化体系也随着 PFOS/PFOA 的浓度的变化而呈现一定的变化。在低浓度范围内（0.1～10mg/L），PFOS 和 PFOA 均能对 SOD 和 POD 酶的活性有一定的促进作用。当浓度大于 200mg/L 时，SOD 和 POD 酶的活性均被显著抑制（$p<0.05$）。在 PFOS/PFOA 对小麦苗的影响的研究中，还发现 PFOS 和 PFOA 能够影响根细胞的渗透性，且随着其浓度的升高，

它们对渗透性的影响也显著增大。以上这些研究数据对作出 PFOS/PFOA 对陆地生态系统的风险评价是非常有意义的。

参考文献

[1] Gebreab K Y, Eeza M N H, Bai T, et al. Comparative toxicometabolomics of perfluorooctanoic acid (PFOA) and next-generation perfluoroalkyl substances[J]. Environ. Pollut., 2020, 265(Pt A), 114928.

[2] Martin J W, Kannan K, Berger W, et al. Researchers push for progress in perfluoralkyl analysis[J]. Environmental Science & Technology, 2004, 38: 249A-255A.

[3] Higgins C P, McLeod P B, MacManus-Spencer LA, et al. Bioaccumulation of perfluorochemicals in sediments by the aquatic oligochaete *Lumbriculus variegatus*[J]. Environmental Science & Technology, 2007, 41(13): 4600-4606.

[4] Fair, P A, Wolf, B, White, N D, et al. Perfluoroalkyl substances(PFASs)in edible fish species from Charleston Harbor and tributaries, South Carolina, United States: exposure and risk assessment[J]. Environ. Res., 2019, 171, 266-271.

[5] Matsubara E, Nakahari T, Yoshida H, et al. Effects of perfluorooctane sulfonate on tracheal ciliary beating frequency in mice [J]. Toxicology, 2007, 236: 190-198.

[6] Silvia F, Paloma V, Teresa C M, et al. Behavieral effects in adult mice exposed to perfluorooctane sulfonate(PFOS)[J]. Toxicology, 2007, 242: 123-129.

[7] Yoo H, Guruge KS, Yamanaka N, et al. Depuration kinetics and tissue disposition of PFOA and PFOS in white leghorn chickens (*Gallus gallus*) administered by subcutaneous implantation [J]. Ecotoxicology and Environmental Safety, 2009, 72: 26-36.

[8] Hekster F M, Laane R W P M, de Voogt P. Environmental and toxicity effects of perfluoroalkylated substances [J]. Rev Environ Contam Toxico, 2003, 179: 99-121.

[9] Allsopp M, Santillo D, Walters A, et al. Perfluorinated chemicals. An emerging concern. Greenpeace Research Laboratories, Technical Note 04/2005. GRL-TN-04-2005. 45.

[10] Renner R. EPA finds record PFOS, PFOA levels in Alabama grazing fields [J]. Environmental Science & Technology, 2009, 43(5): 1245-1246.

[11] Stahl T, Heyn J, Thiele H, et al. Carryover of perfluorooctanoic acid(PFOA)and perfluorooctane sulfonate(PFOS)from soil to plants [J]. Arch Environ Contam Toxicol. 2009, 57(2): 289-298.

[12] Li H, Sheng G, Sheng W, et al. Uptake of trifluralin and lindane from water by ryegrass [J]. Chemosphere, 2002, 48(3): 335-341.

[13] Inskeep W P, Bloom P R, Extinction coefficients of chlorophyll a and b in *N*, *N*-dimethylformamide and 80% Acetone [J]. Plant Physiology, 1985, 77(2): 483-485.

[14] Polle A, Eiblemeier M, Sheppard L, et al. Responses of antioxidative enzymes to elevated CO_2 in leaves of beech (*Fagus sylvatica* L.) seedlings grown under a range of nutrient regimes [J]. Plant, Cell & Environment, 1997, 20(10): 1317-1321.

[15] Bradford M M, A rapid and sensitive method for the quantitation of microgram quantities of protein utilizing the principle of protein-dye binding [J]. Anal Biochem, 1976, 72: 248-254.

[16] Yin X L, Jiang L, Song N H, et al. Toxic Reactivity of Wheat (Triticum aestivum) Plants to Herbicide Isoproturon [J]. Journal of Agricultural and Food Chemistry, 2008, 56(12): 4825-4831.

[17] Wang S H, Yang Z M, Lu B, et al. Copper induced stress and antioxidative responses in roots of *Brassica juncea* L [J]. Botanical Bulletin of Academia Sinica, 2004, 45: 203-212.

[18] Wang Y S, Yang Z M. Nitric oxide reduces aluminum toxicity by preventing oxidative stress in the roots of Cassia tora L [J]. Plant and Cell Physiology, 2005, 46: 1915-1923.

[19] Zhu L Z, Zhang M. Effect of rhamnolipids on the uptake of PAHs by ryegrass [J]. Environmental Pollution, 2008, 156: 46-52.

[20] Peixoto F, Alves-Fernandes D, Santos D, et al. Toxicological effects of oxyfluorfen on oxidative stress enzymes in tilapia Oreochromis niloticus [J]. Pesticide Biochemistry and Physiology, 2006, 85(2): 91-96.

[21] Song N H, Yin X L, Chen G F, et al. Biological responses of wheat (Triticum aesti Vum) plants to the herbicide chlorotoluron in soils [J]. Chemosphere 2007, 68(9): 1779-1787.

[22] Mohamed T, Juan A O, Inmaculada G R. Production of xyloglucanolytic enzymes by *Trichoderma viride*, *Paecilomyces farinosus*, *Wardomyces inflatus*, and *Pleurotus ostreatus* [J]. Mycologia, 2002, 94(3): 404-410.

[23] Moritz K, Martin J B. Effect of Triton X-100 concentration on NAA penetration through the isolated tomato fruit cuticular membrane [J]. Crop Protection, 2004, 23(2): 141-146.

[24] Yang H, Wu X, Zhou L X, et al. Effect of dissolved organic matter on chlorotoluron sorption and desorption in soils [J]. Pedosphere 2005, 15(4): 432-439.

[25] Fábregas J, Domínguez A, García álvarez D, et al. Induction of astaxanthin accumulation by nitrogen and magnesium deficiencies in *Haematococcus pluvialis* [J]. Biotechnology Letters. 1998, 20: 623-626.

[26] Liao X R, Chen J, Zhou Y F. Effect of salicylic acid on the isozymes of peroxidase and catalase in cells of wheat callus [J]. J. Triticeae Crops, 2000, 20: 66-68.

[27] Wang M E, Zhou Q X. Effects of herbicide chlorimuron-ethyl on physiological mechanisms in wheat (*Triticum aestivum*) [J]. Ecotoxicology and Environmental Safety, 2006, 64(2): 190-197.

[28] Chandra R, Bharagava R N, Yadav S, et al. Accumulation and distribution of toxic metals in wheat (*Triticum aestivum* L.) and Indian mustard (*Brassica campestris* L.) irrigated with distillery and tannery effluents [J]. Journal of Hazardous Materials, 2009, 162(2-3): 1514-1521.

[29] Zhu Y L, Pilon-Smits E A H, Tarun A S, et al. Cadmium tolerance and accumulation in Indian mustard is enhanced by overexpressing γ-glutamylcysteine synthetase [J], Plant Physiol, 1999, 121: 1169-1177.

[30] Wu X Y, von Tiedemann A. Impact of fungicides on active oxygen species and antioxidant enzymes in spring barley (*Hordeum vulgare* L.) exposed to ozone [J]. Environmental Pollution, 2002, 116: 37-47.

[31] Alscher R G, Hess J L, Antioxidants in Higher Plants, CRC Press, Boca Raton, FL, 1993.

[32] Bowler C, Montagu M V, Inze D. Superoxide dismutase and stress tolerance [J]. Annual Review of Plant Physiology and Plant Molecular Biology, 1992, 43: 83-116.

[33] Zhang J X, Kirham M B. Drought stress-induced changes in activities of superoxide dismutase, catalase and peroxidase in wheat species [J]. Plant and Cell Physiology 1994, 35(5): 785-791.

[34] Li J, Yan X F, Zu Y G. Generation of activated oxygen and change of cell defense enzyme activity in leaves of Korean Pine seedling under low temperature [J]. Journal of Integrative Plant Biology, 2000, 42(2): 148-152.

[35] Li Y H, Yan C L, Liu, J C, et al. Effects of lanthanum on redox systems in plasma membranes of *Casuarina equisetifolia* seedlings under acid rain stress [J]. Journal of Rare Earths, 2003, 21(5): 577-581.

[36] Wild S R, Jones K C. Polynuclear aromatic hydrocarbon uptake by carrots grown in sludge-amended soil [J]. Journal of Environmental Quality, 1992, 21: 217-225.

[37] Knoche M, Bukovac M J. Effect of Triton X-100 concentration on NAA penetration through the isolated tomato fruit cuticular membrane [J]. Crop Protection. 2004. 23(2): 141-146.

第 4 章

溶液培养条件下小麦对PFOS和PFOA的吸收和吸附研究

4.1 引言

在目前的研究中，PFCs在水体的环境行为、生态毒性及生物富集依然是研究的热点。然而，由于降雨降雪、工业消费、污水处理场处理污泥的农田利用以及一些含氟杀虫剂的应用等，土壤受到全氟化合物的污染。在美国亚拉巴马州牧区的土壤中已监测到高浓度的 PFOA/PFOS 污染[1]，这已引起人们的高度警觉。植物是陆生生态系统的重要组成部分，土壤中污染化学品的植物蓄积是污染物进入陆生食物链的重要步骤。

一般而言，对于土壤中的有机化合物，学者能够根据其自身的物理性质如正辛醇-水分配系数（K_{ow}）来预测该化合物在植物和环境介质之间的行为[2]。通常，在根/土壤水界面，中等亲水性有机化合物（辛醇-水分配系数为 $\lg K_{ow}=0.5\sim3$）易于被植物根系直接吸收。疏水有机化合物（$\lg K_{ow}>3.0$）易于被根表强烈吸附而难以运输到植物体内，而比较容易溶于水的（$\lg K_{ow}<0.5$）有机物不易被根表吸附而易被运输到植物体内[3,4]。前人研究所得到的规律多适用于中性有机化合物，如 PCBs、PAHs、DDT 等[5-7]，而 PFOS 和 PFOA 这两类化合物具有疏水和疏油性质，且其氟碳链末端存在磺酸基团及羧酸基团，作为一类表面活性剂，使得采用 $\lg K_{ow}$ 并不能有效评价其在环境中的化学行为[8,9]。此外，国际上不同实验室对 K_{ow} 值的测定方法不同，其可信度较差[10]，因此只有实际的生物学检测才能有效地评价植物对 PFOS 和 PFOA 的吸收状况。

在这一章中将以主要的农作物小麦为研究对象，经短期的溶液体系培养，考察 PFOS/PFOA 在溶液和根系表面的转移，以及小麦对它们的吸收状况。目的是为评价土壤介质中存在的 PFOS/PFOA 的生态风险提供基础数据。

4.2 材料和方法

4.2.1 试剂材料及溶液配制

PFOS 和 PFOA（纯度 >98%）购买于 Fluka 公司，测试化学品的储备液使用聚丙烯容器并用去离子水配制。研究中所有的试剂使用分析纯级别。测试小麦为辽春 1 号，购买于沈阳东亚种子公司。

Hoagland 营养液的母液配制：首先配制 $Ca(NO_3)_2$ 溶液，准确称量 11.8g $Ca(NO_3)_2$ 固体药品至 100mL 容量瓶内，加入去离子水定容，混匀，配制成 118g/L 的 $Ca(NO_3)_2$ 溶液。再配制铁盐溶液，称取 0.373g 乙二胺四乙酸二钠和 0.278g $FeSO_4 \cdot 7H_2O$，放入 100mL 容量瓶内，加入去离子水，随即定容、混匀。其他大量元素以及微量元素如表 4.1 所示。准确称量大量元素以及微量元素，溶于 1L 容量瓶中，用去离子水定容。

表 4.1 Hoagland’s 培养液试剂

分类	试剂名称	称取质量/g
大量元素	无水硫酸镁	2.4074
	硝酸钾	5.0550
	磷酸二氢钾	1.3609
微量元素	氯化锰	0.0186
	硫酸锌	0.0022
	硼酸	0.0286
	五水硫酸铜	0.0008
	钼酸钠	0.0002

Hoagland 营养液：取 1000mL 量筒，加入 100L 大量元素与微量元素的混合液。并加入 5mL $Ca(NO_3)_2$ 溶液，2.5mL 铁盐溶液，用去离子水定容。

4.2.2 植物培养

小麦种子用 5%次氯酸钠溶液浸泡 10min，然后用蒸馏水彻底清洗。处理后的小麦种子在湿滤纸上萌发 5d，然后将秧苗转移到 1L 的玻璃烧杯中继续培养（内含半 Hoagland 营养液）。秧苗在实验室温度（25±0.2）℃，40W 荧光灯下光照培养，光照期为 16h/d。当小麦根长长至（12±1）cm，叶长为（9±1）cm 时，秧苗被用来进行吸附和吸收试验。

4.2.3 吸附试验

4.2.3.1 鲜根吸附

收获新鲜的小麦根，用去离子水反复冲洗多次后，放置在滤纸上以吸收根表面水分，然后将小麦根剪成 3～5cm 长的段备用。在这个实验中溶剂采用去离子水作为根溶液的界面环境，0.1g 新鲜的根和 20mL 溶液（PFOS 和 PFOA 的浓度为 0.1mg/L、0.2mg/L、0.4mg/L、0.8mg/L 和 1.0mg/L）混合在 50mL 带聚四氟乙烯盖的塑料离心管中。然后将管放在振荡器上，150r/min，在（25±0.2）℃振荡 8h。每个处理样品重复两次。在同一时间准备没有根的管，用以控制不同于吸附过程中溶液的损失。振荡后经 3000r/min 离心 20min，上清液用色谱级甲醇稀释（甲醇的体积比维持在 70%）以减少过滤和分析过程中可能的损失。然后过 0.22μm 微孔滤膜，采用 HPLC/MS/MS 分析 PFOS 和 PFOA 的浓度。

4.2.3.2 根细胞壁吸附

新鲜的植物根在液氮中保持过夜后经 IKA 组织捣碎机磨成粉末。将根粉末用 15mL 75%的冷乙醇洗 3 次，放入 50mL 离心管中，然后在冰冻室内静置 20min，将匀浆在 2000g 下离心 10min，沉淀物分别用 1：7［根质量（g）：体积（mL）］的冰冷丙酮，甲醇/氯仿（1：1，体积比），甲醇和纯水冲洗 4 次。摒弃每一次冲洗的上清液，最终的沉淀物冷冻干燥过夜。将干燥的沉淀物再次粉碎视为天然的细胞壁。

称取 0.1g 植物细胞壁，分别加入不同浓度的 PFOS 和 PFOA 溶液于 20mL 聚四氟塑料离心管中（PFOS 和 PFOA 的浓度为 0.1mg/L、0.2mg/L、0.4mg/L、0.8mg/L 和 1.0mg/L），振荡 24h 后，8000r/min 离心 10min，取上清液，过 0.22μm 微孔滤膜后，采用 HPLC/MS/MS 分析 PFOS 和 PFOA 的浓度。

4.2.4 吸收试验

4.2.4.1 试验小麦的培养

将上述培养好的小麦苗转移到 PV 材质的塑料培养罐中，塑料罐高 12cm，直径为 8cm，每罐培养 50 株小麦苗，内含 20mL 不同浓度的 PFOS 和 PFOA 培养液（0.1mg/L、1mg/L、10mg/L），培养液用 1/2 Hogland 营养液配制，含 0.02% 叠氮化钠，将该体系转移至光照培养箱。温度（18±1）℃，平均每天光照 10h，整个培养期，苗的根部始终保持在液面以下，溶液的损失通过添加蒸馏水加以控制，三次重复，培养 140h 后收集小麦，将小麦的不同部位处理后进行 PFOS 和 PFOA 的量值分析。

4.2.4.2 小麦中 PFOS 和 PFOA 的提取

收获新鲜的小麦根，用去离子水冲洗后，在甲醇溶液中涮洗 10～20s，之后经去离子水冲洗，再次经甲醇溶液涮洗 10～20s，去离子水冲洗后在滤纸上阴干备用。小麦茎叶部分直接剪取备用。

称取 1g 小麦的新鲜根和茎叶，按图 4.1 的方法进行组织中 PFOS 和 PFOA 的提取。

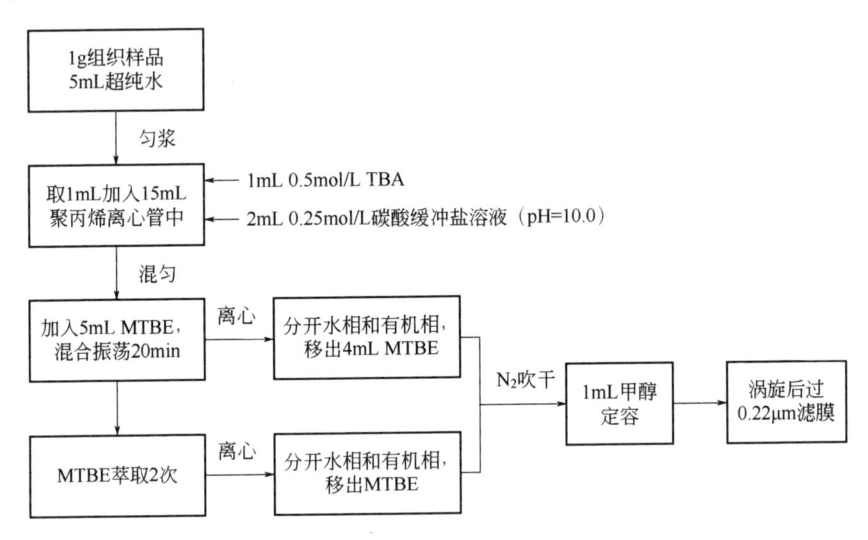

图 4.1 小麦组织中 PFOS 和 PFOA 的提取步骤

4.2.5 PFOS 和 PFOA 的 HPLC/MS/MS 分析

4.2.5.1 液相色谱条件

① 色谱柱：Intertsil 3 ODS-3，150mm×2mm。

② 柱温度：30℃。

③ 流动相 A：H_2O（2mmol $CH_3COOHNH_4$）。

④ 流动相 B：CH_3OH。

⑤ 洗脱梯度：

分：秒	A/%	B/%	流速/(mL/min)
0:00	80	20	0.2
3:00	20	80	0.2
11:00	20	80	0.2
14:00	80	20	0.2

⑥ 进样体积：10μL。

4.2.5.2 质谱条件

MS 扫描参数：

分析物	母离子（*m/z*）	子离子（*m/z*）	毛细管电压/v	碰撞能/eV
PFOA	413	168.5	30	17.5
	413	369	30	8
PFOS	499	80	65	46.5
	499	99	65	28.5

4.2.6 数据分析

4.2.6.1 PFOS 和 PFOA 标准曲线

通过逐级稀释的方法分别配制浓度为 0.1mg/L、0.2mg/L、0.4mg/L、0.8mg/L、1.0mg/L 的 PFOS 和 PFOA 溶液，用 HPLC/MS/MS 测定其峰响应强度，以峰响应强度对浓度作图，分别得到 PFOS 和 PFOA 溶液的标准曲线，如图 4.2 所示，并获得拟合曲线，分别为 $Y=359914.8X_{\mathrm{PFOS}}-7448.8$ 和 $Y=161560.8X_{\mathrm{PFOA}}-4159.8$。

4.2.6.2 方法回收率

小麦幼苗冷冻干燥后，研磨处理，称取 1g 组织样品，在样品中分别添加不同浓度的 PFOS 和 PFOA，每浓度 3 个重复，按照 4.2.4.1 所描述的方法进行提取后经 HPLC/MS/MS 分析，方法回收率见表 4.2，平均回收率均在 82%～96%，变异系数都小于 7%，表明所用方法符合检测要求。

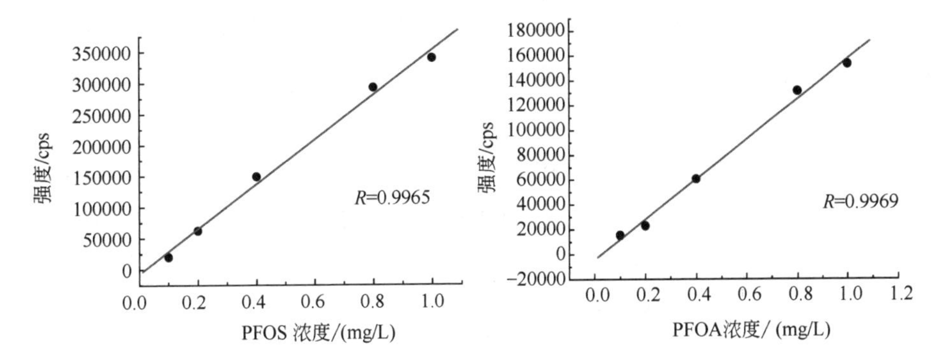

图 4.2 PFOS 和 PFOA 标准曲线

表 4.2 小麦组织中 PFOS 和 PFOA 的回收率

浓度/(mg/kg)	PFOS		PFOA	
	回收率/%	变异系数 CV/%	回收率/%	变异系数 CV/%
0.005	95.8	6.23	91.7	5.83
0.01	82.9	5.06	92.1	5.49
0.1	89.4	6.37	86.4	6.04
1.0	90.2	5.96	88.7	6.11

4.2.6.3 统计方法

统计分析采用 SPSS13.0 软件，概率值 $p < 0.05$ 被视为有统计意义，采用 ANOVA 检验来进行不同处理之间的差异分析，结果用±SE 进行表述。全部试验重复三次。

4.3 结果与讨论

4.3.1 小麦对 PFOS 和 PFOA 的吸附

在土壤环境中，有机化合物能够被植物吸附、吸收、传递、代谢及蒸发，这其中最初步骤是植物根对化合物的吸附。当土壤溶液或地下水遭受有机化学品污染，便能够导致植物根和这些化学品的接触，使之能够被根组织表面和细胞壁吸附并绑定[11]。通常在土壤溶液中，有机化合物的初始浓度是克服其在水相和固相之间的全部迁移阻力的重要推动力，因此化合物的初始浓度能影响吸附过程。

本章节中，研究了初始 PFOS/PFOA 浓度与其在小麦根上的吸附容量和吸附率的关系，结果见表 4.3。小麦鲜根和根细胞壁在不同的溶液浓度下都能保持较为接近的吸附率，尤其是根细胞壁能够保持较高的吸附率，大约为小麦鲜根的 2.70 倍（PFOS）和 2.58（PFOA）倍。

表 4.3 PFOS 和 PFOA 初始浓度对吸附的影响

化合物	液相初始浓度/(mg/L)	液相平衡浓度/(mg/L)	鲜根吸附量/(mg/g)	鲜根吸附率/%	液相平衡浓度/(mg/L)	细胞壁吸附量/(mg/g)	细胞壁吸附率/%
PFOS	0.1	0.029612	1.7597	29.6	0.091784	8.2163	91.7
	0.2	0.057693	3.5577	28.8	0.165732	34.2681	82.9
	0.4	0.131893	6.7027	33.0	0.344594	55.4064	86.1
	0.8	0.276028	13.0993	34.5	0.696129	103.8710	87.0
	1.0	0.346161	16.3460	34.6	0.870686	129.3136	87.1
PFOA	0.1	0.028126	1.7969	28.1	0.083305	16.6951	83.3
	0.2	0.064988	3.3753	32.5	0.173883	26.1166	86.9
	0.4	0.147834	6.3041	37.0	0.352987	47.0126	88.3
	0.8	0.285691	12.8577	35.7	0.703992	96.0078	88.0
	1.0	0.349296	16.2676	34.9	0.879899	120.1009	88.0

根据实验结果，可用下述吸附等温方程来描述植物对 PFOS 和 PFOA 的吸附行为:

$$Q_{eq} = C_w K$$

其中，Q_{eq} 为吸附平衡时植物中的 PFOS/PFOS 浓度，mg/g；C_w 为吸附平衡时溶液中的 PFOS/PFOS 浓度，mg/L。

由表 4.4 可见，小麦鲜根对 PFOS 和 PFOA 的吸附方程分别为 $Q_{eq} = 45.80 C_w$ 和 $Q_{eq} = 46.52C_w$，吸附系数为 45.803L/kg 和 46.524L/kg；而小麦根细胞壁对 PFOS 和 PFOA 的吸附方程分别为 $Q_{eq} = 148.86C_w$ 和 $Q_{eq} = 136.76C_w$，吸附系数为 148.86L/kg 和 136.76L/kg。PFOS 和 PFOA 在小麦根和细胞壁上的吸附

等温线是高度线性的（见图 4.3），其 R^2 值高于 0.99，这是被动分配过程所特有的[12]，这意味着 PFOS 和 PFOA 在小麦鲜根和根细胞壁上的吸附机理主要是分配作用。该现象与前人研究的一些典型有机污染物如有机氯化合物（林丹、六氯苯、1.4 二氯苯）和多环芳烃（萘、苊、芴、菲）等在植物根系表面的吸附相类似[13-15]。

表 4.4 PFOS 和 PFOA 在小麦根和细胞壁上的吸附等温线

化合物	吸附材料	等温线	R^2
PFOA	根	$Q_{eq}=46.52C_w$	0.9973
	细胞壁	$Q_{eq}=148.86C_w$	0.9927
PFOS	根	$Q_{eq}=45.80C_w$	0.9964
	细胞壁	$Q_{eq}=136.76C_w$	0.9969

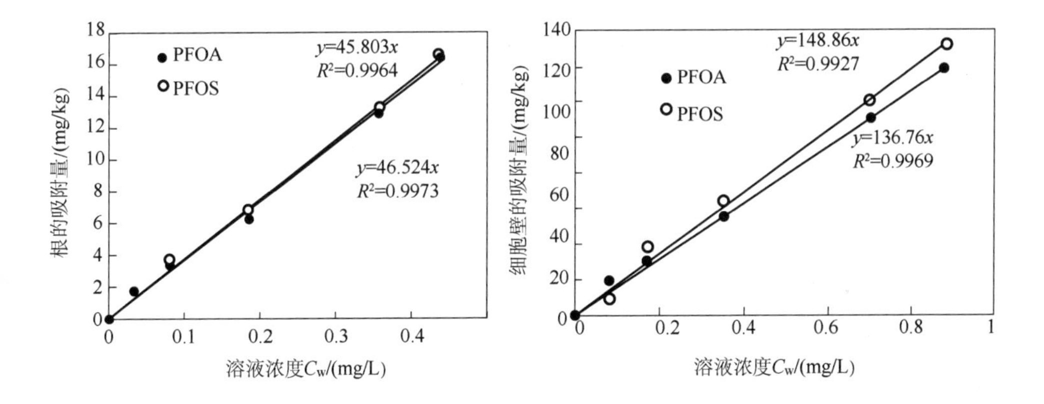

图 4.3 小麦根及其细胞壁对 PFOS 和 PFOS 的吸附

此外，由图 4.3 可见，无论吸附质是小麦鲜根，还是根细胞壁，PFOA 和 PFOS 的吸附程度非常接近，但相对而言，PFOS 比 PFOA 有略高的吸附能力，尤其在根细胞壁的吸附过程中，这可能与 PFOA 比 PFOS 在水溶液中有更高的溶解度相关［PFOS 的水中溶解度为 550mg/L（25℃），OECD，2002；PFOA 的溶解度为 3400mg/L（25℃）］。

对于已研究的典型污染物，如多环芳烃、有机氯农药等亲脂性有机物，这些化合物在植物根系表面的吸附多与根系中的脂含量有关[16,17]，尤其是最近陈宝良等研究表明[18]，植物根系中的软木脂、蜡质等决定着 PAHs 类化合物的根系吸附。然而对于 PFOS 和 PFOA 而言，其具有疏脂的特性，这意味着植物的脂质可能很少对其在根系表面的吸附做贡献。而在我们的研究中，PFOS 和 PFOA 在小麦根细胞壁上的吸附分配系数 K_{c_w} 要高于其在鲜根表面的吸附分配系数 K_r，大约为鲜根表面的吸附分配系数的 3 倍。这暗示了细胞壁在小麦根系吸附 PFOS 和 PFOA 过程中起着重要的作用。

对于疏水性有机卤化物，其在植物根上的吸附主要受根组织中的脂类物质的影响，通常可将脂-水分配系数 K_{lip} 看作有机卤化物的辛醇-水分配系数 K_{ow}，然而不断有文献指出，实验值要明显高于估测的分配系数，进而发现根组织中的糖类也对吸附起着重要的影响[19]。由于植物组织中的糖类含量远远高于脂的含量，许多学者正在重新评价被低估的糖类的作用。

4.3.2 小麦对 PFOS 和 PFOA 的吸收

Ryan 等的研究表明，植物体对土壤中有机污染物的吸收主要为被动吸收，且吸收过程可以看作在土壤固相-土壤水相、土壤水相-植物水相、植物水相-植物有机相之间的一系列连续分配过程。植物活性不会影响其对有机污染物的吸收行为[20]。因而，可以近似认为植物体在吸收过程中充当的只是一种特殊的分配介质。表 4.5 显示了不同浓度下（0.1～10μg/mL）小麦根和叶对 PFOS 和 PFOA 的吸收情况，该数据直接表明了小麦根对 PFOS 和 PFOA 的吸收能力，以及小麦根和茎叶对 PFOS 和 PFOA 的储存状况。在 2009 年，Stahl 等人首次通过实验表明 PFOS 和 PFOA 能够从土壤介质传递到植物体内[21]，该研究有力地支持了我们最初的选题目的，在我们的研究中，小麦根系吸收 PFOS 和 PFOA 后能

表 4.5 小麦根和叶对 PFOS 和 PFOA 的吸收

浓度/(μg/mL)	PFOS 含量（以干重计）/(ng/g)		PFOA 含量（以干重计）/(ng/g)	
	根部	茎叶部	根部	茎叶部
0.1	0.060±0.008	0.009±0.0021	6.695±0. 85	1.044±0.263
1	0.373±0.067	0.086±0.013	26.045±2.33	5.591±0.734
10	4.456±0.381	0.823±0.174	39.943±4.05	10.961±1.668

够完成其在植物体内的传输。这不仅取决于化合物本身的性质、溶液的浓度，还取决于植物本身的蒸腾效率、呼吸速率、光合速率等因素[22]。

在本章节中，小麦根和茎叶对 PFOS 和 PFOA 的吸收随着溶液中污染物浓度的增加而增大，植物吸收 PFOA 的量值要高于对 PFOS 的吸收，这可能与两种化合物的分子量大小及其在水中的溶解度有关，前人的研究表明，当化合物的分子量小于 500 时，有利于该化合物穿过植物根系的细胞膜而被植物吸收[23]，并且分子量较小的化合物更容易被植物吸收（$MW_{PFOS} = 499$；$MW_{PFOA} = 413$）。由于在上述研究中 PFOS 和 PFOA 都能够在小麦的根系表面表现出较强的吸附能力，在水中溶解度高的 PFOA 较 PFOS 更易被小麦吸收，从而在小麦体内导致表观含量的变化。在 Stahl 所研究的土壤介质环境中，植物体内 PFOA 较 PFOS 同样显示出了较高的吸收量[21]。

4.4 结论

① 小麦根系和根细胞壁均对 PFOA 和 PFOS 表现出较强的吸附能力。吸附为线性吸附。根系对 PFOA 和 PFOS 的吸附系数分别为 45.803L/kg 和 46.524L/kg，根细胞壁对 PFOA 和 PFOS 的吸附系数分别为 148.86L/kg 和 136.76L/kg。小麦根细胞壁在小麦根系吸附 PFOS 和 PFOA 过程中起着重要的作用。

② 小麦根系能够从外界水环境介质中吸收 PFOA 和 PFOS，且 PFOA 和 PFOS 能够在小麦体内完成根部和茎叶部之间传输。小麦根部富集 PFOA 和 PFOS 的量远高于茎叶部的量，大约为茎叶部的 5 倍。

③ PFOS 在小麦根系表面及根细胞壁上的吸附要略高于 PFOA，而小麦根系对 PFOA 的吸收能力要高于 PFOS。

参考文献

[1] Renner R. EPA finds record PFOS, PFOA levels in Alabama grazing fields [J]. Environmental Science & Technology, 2009, 43(5): 1245-1246.

[2] Boersm L, Lindtrom F T, McFarlane C, et al. Uptake of organic chemicals by plants: A theoretical model [J]. Soil Science, 1988, 146: 403-417.
[3] Dietz C D, Schnoor J L. Advances in phytoremediation [J]. Environmental Health Perspectives, 2001, 109: 163-168.
[4] Kumar K S. Fluorinated organic chemicals: a review [J]. Research Journal of Chemistry and Environment, 2005, 9: 50-79.
[5] Kelly B C, Gobas F A P C, McLachlan M S. Intestinal absorption and biomagnification of organic contaminants in fish, wildlife, and humans [J]. Environmental Toxicology & Chemistry, 2004, 23: 2324-2336.
[6] Chiou C T, Sheng G, Manes M. A partition-limited model for the plant uptake of organic contaminants from soil and water [J]. Environmental Science & Technology, 2001, 35: 1437-1444.
[7] Barbour J P, Smith J A, Chiou C T. Sorption of Aromatic Organic Pollutants to Grasses from Water [J]. Environmental Science & Technology, 2005, 39: 8369-8373.
[8] Houde M, Martin J W, Letcher R J, et al. Biological monitoring of polyfluoroalkyl substances: A review [J]. Environmental Science & Technology, 2006, 40: 3463-3476.
[9] Tolls J, Kloepper-Sams P, Sijm D T H M. Surfactant bioconcentration——A critical review [J]. Chemosphere 1994, 29: 693-717.
[10] Houde M, Martin J W, Letcher R, et al. Biological monitoring of polyfluoroalkyl substances: A Review [J]. Environmental Science & Technology, 2006, 40: 3463-3473.
[11] Dietz A C, Schnoor J L. Advances in phytoremediation [J]. Environ Health Perspect. 2001, 109: 163-168.
[12] Belsky A J, Amundson R G, Duxbury J M, et al. The effects of treesontheirphysical, chemical, and biological environmentsinasemi aridsavanna in Kenya. Journal of Applied Ecology, 1989, 26 , 1005-1024.
[13] Lang S. The Sorption of Substituted Benzenes to Hybrid Poplar Trees [MS Thesis]. Iowa City, IA: University of Iowa, 1998.
[14] Jonker M T O. Absorption of polycyclic aromatic hydrocarbons to cellulose [J]. Chemosphere 2008, 70: 778-782.
[15] Wang X, Yang K, Tao S, et al, Sorption of aromatic organic contaminants by biopolymers: Effects of pH, copper (Ⅱ) complexation, and cellulose coating [J]. Environmental Science & Technology, 2007, 41: 185-191.
[16] Kelly B C, Gobas F A P C, McLachlan M S. Intestinal absorption and biomagnification of organic contaminants in fish, wildlife, and humans [J]. Environmental Toxicology & Chemistry, 2004, 23: 2324-2336.
[17] Chiou C T, Sheng G, Manes M. A partition-limited model for the plant uptake of organic contaminants from soil and water [J]. Environmental Science & Technology, 2001, 35: 1437-1444.
[18] Chen B, Schnoor J L. Role of suberin, suberan, and hemicellulose in phenanthrene sorption by root tissue fractions of switchgrass(Panicum virgatum)seedlings [J]. Environmental Science &

Technology, 2009, 43(11): 4130-4136.
[19] Zhang M, Zhu L Z. Sorption of polycyclic aromatic hydrocarbons to carbohydrates and lipids of ryegrass root and implications for a sorption prediction model [J]. Environmental Science & Technology, 2009, 43(8): 2740-2745.
[20] Ryan J A, Bell R M, Davidson J M, et al. Plant uptake of non-ionic organic chemicals from soils [J]. Chemosphere, 1988, 17: 2299-2323.
[21] Stahl T, Heyn J, Thiele H, et al. Carryover of perfluorooctanoic acid (PFOA) and perfluorooctane sulfonate (PFOS) from soil to plants [J]. Arch Environ Contam Toxicol. 2009, 57(2): 289-298.
[22] Paterson S, Mackay D, Tam D et al. Uptake of organic chemicals by plants: a review of processes, correlations and models [J]. Chemospere, 1990, 21: 297-331.
[23] 周启星，宋玉芳. 污染土壤修复原理与方法[M]. 北京：科学出版社，2004.

第 5 章

小麦对PFCs的吸收动力学研究

5.1 引言

PFCs 是一种新型持久性有机污染物，由于其疏水疏油的性质，在环境中很难降解，大量文献已报道，PFCs 可以通过环境介质在生物体内富集，并通过食物链逐级累积。然而有关 PFCs 在陆生食物链的吸收富集方面的研究却少有报道，且吸收机制也不是很明确。通常污染物被植物根系吸附或者吸收后会以主动吸收或者被动吸收的方式在植物体内进行传输[1-8]，包括蒸腾作用引起的污染物在木质部中由根向地上部的迁移及韧皮部作用引起的污染物通过筛管由茎叶向根的迁移过程[9]。目前，针对作物吸收累积污染物差异主要归结为吸收差异和转运差异两方面，这其中针对动力学研究能够对污染物在植物体内的吸收转运进行有效评价，这对开展污染物的植物修复具有重要作用。基于此，本章节以小麦为受试植物，在第四章的基础上进一步系统研究了小麦对全氟辛烷磺酸（PFOS）、全氟辛酸（PFOA）及另外三种全氟有机化合物全氟丁酸（PFBA）、全氟庚酸（PFHpA）和全氟十二酸（PFDoA）的吸收动力学。首先本实验就小麦对五种 PFCs 吸收平衡时间、吸收量及它们在小麦体内的分布规律进行了研究，其次采用一级速率模型研究了小麦对五种 PFCs 的吸收动力学过程，这些研究结果将为 PFCs 的生态风险评价及管理提供理论依据和数据积累。

5.2 实验材料与方法

5.2.1 实验材料

将小麦种子放在 90mm × 10mm 的培养皿中（内放置滤纸），培养皿内含 5mL 不同浓度的测试液，15 粒不同的植物种子均匀分散在滤纸上，盖上皿盖，(25 ± 2) ℃培养。选择根长（12.3 ± 2.1）cm，茎叶长（9.1 ± 0.88）cm 的，作为本实验的受试植物。

5.2.2 实验试剂

标准样品：全氟辛烷磺酸（PFOS）、全氟辛酸（PFOA）（>98%）购自 Fluka 公司，全氟丁酸（PFBA）（99%）、全氟庚酸（PFHpA）（> 98%）、全氟十二酸（PFDoA）（96%）购自上海安谱科学仪器有限公司。

试剂：乙腈、正己烷、二氯甲烷、甲醇、甲基叔丁基醚（MTBE）和无水乙醇均为色谱纯，购自美国 Tedia 公司。

固体药品：硼酸（99%）、无水硫酸镁（99%）、硫酸铜（99%）、无水硫酸钠（99%）、硝酸钾（99.5%）购自天津博迪化工有限公司，硫酸铁（99%）、硝酸钙（98%）、磷酸二氢钾（99.5%）、氯化锰（99%）、钼酸钠（99%）购自天津市大茂化学试剂厂，硫酸锌（99%）购自北京益利精细化学品有限公司，乙二胺四乙酸二钠（99%）购自西陇化工股份有限公司。

5.2.3 仪器

主要仪器设备列于表 5.1 中。

表 5.1 主要仪器设备

仪器设备名称	生产商	型号/规格
高效液相色谱-质谱/质谱	美国 Agilent 公司	1200SL-6410B
液相色谱-质谱	日本岛津公司	LC-10A
色谱柱	美国 Agilent 公司	ZORBAX Ecipse XDB-C18 150mm×2.1mm，5μm
SPE 小柱	上海安谱科学仪器有限公司	LC-C18
智能光照培养箱	黑龙江东拓仪器有限公司	ZPG-280
蠕动泵	保定兰格恒流泵有限公司	LEAD-2
巴斯德管	美国 Agilent 公司	D = 7mm，L = 23mm
磨口具塞试管	天津天玻仪器有限公司	D = 15mm，L = 150mm
容量瓶	天津天玻仪器有限公司	5mL、10mL、100mL
陶瓷研钵	天津天玻仪器有限公司	D = 100mm
水浴氮吹仪	杭州奥盛仪器有限公司	WD-12
水浴锅	巩义市予华仪器有限公司	HH-S
电热鼓风烘箱	上海精宏试验设备有限公司	DHG-9149A

续表

仪器设备名称	生产商	型号/规格
超声清洗器	昆山超声仪器有限公司	KQ5200DB
马弗炉	沈阳市节能电炉厂	4-10
pH 计	上海精密科学仪器有限公司	PPS-3C
电子分析天平	北京赛多利斯有限公司	BS124S
移液器	美国 Eppendorf 公司	20μL，200μL，1mL

5.2.4 溶液的配制

Hoagland 营养液的母液配制：首先配制 $Ca(NO_3)_2$，准确称量 11.8g $Ca(NO_3)_2$ 固体药品至 100mL 容量瓶内，加入去离子水，随即定容、混匀，配制成 118 g/L 的 $Ca(NO_3)_2$ 溶液；接着配制铁盐溶液，称取 0.373g 乙二胺四乙酸二钠和 0.278g $FeSO_4·7H_2O$，放入 100mL 容量瓶内，加入去离子水，随即定容、混匀。其他大量元素以及微量元素如表 5.2 所示。准确称量大量元素以及微量元素，溶于 1L 容量瓶中，用去离子水定容。

表 5.2 Hoagland 营养液试剂

元素类型	试剂名称	称取质量/g
大量元素	无水硫酸镁	2.4074
	硝酸钾	5.0550
	磷酸二氢钾	1.3609
微量元素	氯化锰	0.0186
	硫酸锌	0.0022
	硼酸	0.0286
	五水硫酸铜	0.0008
	钼酸钠	0.0002

Hoagland 营养液：取 1000mL 量筒，加入 100L 大量元素与微量元素的混合液。并加入 5mL 硝酸钙溶液，2.5mL 铁盐溶液，用去离子水定容。

5.2.5 样品前处理方法

将培养后的小麦，小心取出，剪取小麦叶茎部分，利用铝箔纸包裹，小麦根部用自来水冲洗数次后，在甲醇溶液中淋洗 30s 左右，然后用去离子水冲洗，再更换一新的甲醇溶液淋洗 30s，然后用去离子水反复冲洗 3～4 次，在滤纸上阴干后用铝箔纸包裹连同茎叶一起冷冻干燥，之后转入干燥器中，经研钵研磨后用塑料离心管盛装以备分析。将小麦样品冷冻干燥，称其干重。将样品研磨成粉末，称取 0.1g，放在 10mL 具盖离心管中，用移液枪加入 MTBE 4mL，振荡多次，放入超声清洗机超声提取 25min；用离心机进行 4000r/min 离心 10min；用巴斯德滴管吸取上清液，转移到另一个 10mL 具盖离心管；在装样品的离心管中再加入 MTBE 3mL，超声提取 15min，4000r/min 离心 10min，吸取上清液与第一次的上清液合并；然后经过 N_2 吹干，加入 1.5mL 甲醇，转移到 1.5mL 离心管中，15000r/min 离心 20min。SPE 过柱，先用甲醇淋洗柱子，再用注射器吸取 1.5mL 离心管中上清液样品过柱，过柱后的样品进入液相小瓶中。流程如图 5.1 所示。

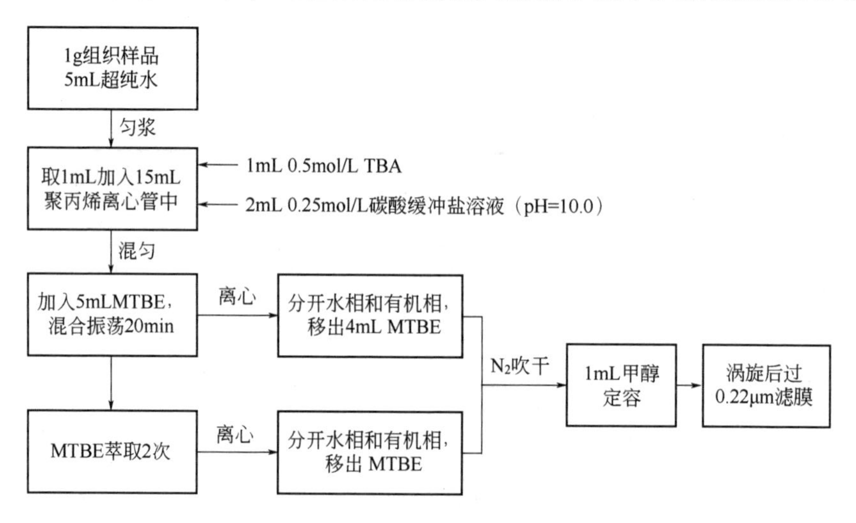

图 5.1 样品前处理方法流程图

5.2.6 检测方法

高效液相色谱-串联质谱法是目前文献报道中使用最为广泛的一种 PFCs 定

量检测方法。由于其选择性和灵敏度均高，检测极限较低，检测范围大，建立PFCs定量检测方法已成为相关领域内的研究热点。本实验全氟辛烷磺酸（PFOS）和全氟辛酸（PFOA）用高效液相色谱1200SL-6410B质谱/质谱检测。全氟丁酸（PFBA）、全氟庚酸（PFHpA）和全氟十二酸（PFDoA）采用液相色谱LC-10A质谱检测。

5.2.6.1 PFOS和PFOA的检测

（1）液相色谱条件

色谱柱：ZORBAX Ecipse XDB-C18色谱柱，150mm×2.1mm，5μm；流动相：A—10mmol/L醋酸铵水溶液，B—乙腈；流动相比例：60% A、40% B（PFOS），55%A、45% B（PFOA）；停留时间：10min（PFOS），9min（PFOA）；流速：0.25mL/min；进样体积：2μL（PFOS），1μL（PFOA）；柱温：40℃。

（2）质谱条件

Agilent 6410三重串联四极杆质谱；离子源：电喷雾离子源，负离子模式（ESI^-）；雾化气（N_2）：35psi（1psi = 6.89kPa）；干燥气（N_2）：流速8L/min；干燥气温度：350℃；毛细管电压：4000V；质谱扫描方式：多反应离子监测（MRM）。参数如表5.3所示。

表5.3 MRM质谱扫描方式MS扫描参数

分析物	母离子（m/z）	子离子（m/z）	毛细管电压/V	碰撞能/eV
PFOS	499	99	70	4
PFOA	412.8	368.8	160	55

5.2.6.2 PFBA、PFHpA以及PFDoA的检测

（1）液相色谱条件

色谱柱：ZORBAX Ecipse XDB-C18色谱柱，150mm×2.1mm，5μm；流动相：A—10mmol/L醋酸铵水溶液，B—乙腈；流动相比例：60% A、40% B（PFBA），45% A、55% B（PFHpA）；PFDoA梯度洗脱：0～10min为50%～90% B，10～12min为90% B,12～17min为90%～60% B；PFBA、PFHpA以及PFDoA混合溶液检测，梯度洗脱：0～10min为50%～90% B，10～12min为90% B，12～

14min 为 90% B，14～19min 为 50% B；停留时间：10min（PFBA），10min（PFHpA），17min（PFDoA），19min（3 种 PFCs 混合溶液）；流速：0.25mL/min；进样体积：5μL；柱温：60℃。

（2）质谱条件

岛津质谱；离子源：电喷雾离子源，负离子模式（ESI^-）；干燥气（N_2）：流速 0.18L/min；质谱扫描方式：SIM（表 5.4）。

表 5.4 SIM 质谱扫描方式 MS 扫描参数

分析物	保留时间/min	母离子（*m/z*）	子离子（*m/z*）	检测器电压/V
PFBA	6.5	213	168.9	1600
PFHpA	6.9	363	319/169	1600
PFDoA	10.2	614	569/268.9	1600

5.2.7 暴露实验

① 暴露浓度的确定:为了保证实验中的小麦苗不会因为浓度过大而在短期内死亡，本研究中，根据 PFCs 对小麦的急性暴露实验获得的 EC_{50} 值来确定暴露浓度。五个化合物的 EC_{50} 值的浓度范围在 200～400mg/L，在此基础上，在适宜的浓度范围内，进行动力学实验，以保证实验不受其他因素的影响。

② 标准液：称取 0.050g PFCs 溶解在塑料烧杯中，用 500mL 塑料容量瓶定容，得到 100mg/L 标准液。配制小麦培养液：用移液管取 10mL 标液至 1L 塑料容量瓶，用纯净水定容，溶液稀释为 1mg/L。

③ 装置蠕动泵:蠕动泵先经过流量校准。每个通道的进液端放入试剂瓶中，瓶中加入 1mg/L 的溶液，每个出口与培养槽连接，在培养槽中加满培养液。

④ 小麦培养：在买回的小麦苗中随机取 8 份小麦苗，每份 50 棵，将其中 6 份分别放入培养槽，使小麦苗均匀分布在培养槽内，且保证小麦的根部全浸泡在培养液中。另外一份，称其总重，并随机取出 10 棵小麦测量其茎长和根长，并记录。启动蠕动泵，流程如图 5.2 所示。

⑤ 取样：开始培养后，按照 24h、48h、72h、96h、120h、144h 和 168h 取苗。将一份样取出后，随机取其中的 10 棵，测量根长和茎长。用剪刀将所

有的小麦根和茎剪开，将小麦根全放入甲醇中浸泡 30s，用纯净水冲洗，重复一次，待根表面水分挥发，称其鲜重，用铝箔纸装好，贴上标签。用甲醇将小麦茎靠近根部浸在培养液的部分冲洗，再用纯净水冲洗，重复一次，待其表面水分挥发，称其鲜重，用铝箔纸装好，贴上标签。将样品放入冰箱冷冻室保存。

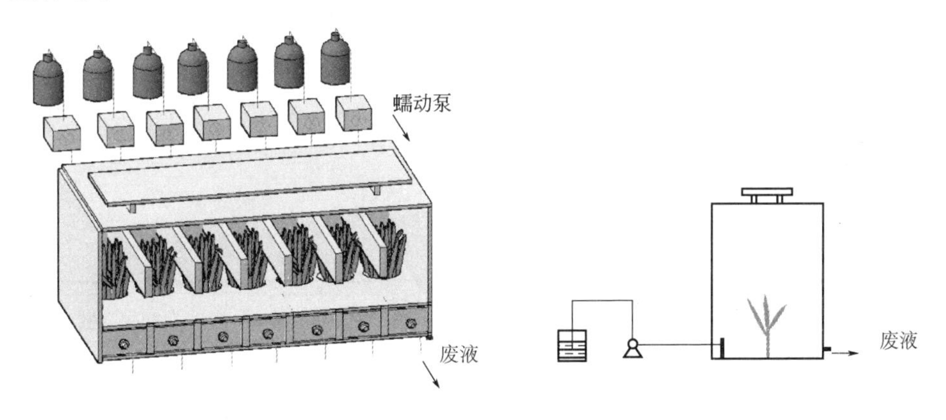

图 5.2 动力学实验流程

5.2.8 质量保证与质量控制

为了保证实验结果的准确性，在小麦培养过程中，进行空白对照，观察小麦生长情况。实验过程中为保证数据的可靠性，每个实验进行 3 次平行实验。同时在测样过程中，每 6 个样品，进行一次空白试验，因此检测出的目标化合物全氟辛烷磺酸（PFOS）、全氟辛酸（PFOA）、全氟丁酸（PFBA）、全氟庚酸（PFHpA）和全氟十二酸（PFDoA）均经过校正。

研钵和研棒使用前用洗涤剂水溶液、自来水、去离子水清洗干净，80℃烘干后，然后用甲醇、二氯甲烷、正己烷各洗两次。所有玻璃仪器先用洗涤剂水溶液超声清洗 30min，然后用自来水清洗干净，再用去离子水清洗两次，烘干后用甲醇、二氯甲烷、正己烷各洗两次，溶剂挥发完后，于马弗炉中 450℃高温下烧 3h，使用前用丙酮和正己烷溶剂润洗。

5.3 结果与讨论

5.3.1 标线绘制

用配制好的 PFOS、PFOA、PFBA、PFHpA 和 PFDoA 母液，稀释为不同浓度 0.1mg/L、1mg/L、10mg/L、50mg/L 和 100mg/L 的标准溶液，建立标准曲线。五种物质标线结果如表 5.5 所示。可以看出相关系数在 0.99 以上，有很好的拟合效果和相关性。

表 5.5 目标化合物的回归方程及其相关系数

目标化合物	回归方程 $Y = aX+b$		相关系数 R^2
	a	b	
PFOS	40102	270980	0.99
PFOA	5297.2	23935	0.99
PFBA	2401.2	14637	0.99
PFHpA	1553.6	15310	0.99
PFDoA	83.843	4143	0.99

5.3.2 吸收平衡及最大吸收量

吸收动力学可以衡量植物对污染物吸收和富集情况，研究在不同时间植物吸收污染物的情况，能进一步研究其在植物体内的吸收机制。本实验温度为（20±2）℃，以 1mg/LPFCs 的 Hoagland 营养液，采用流动式培养小麦苗 7d，按照 24h、48h、72h、96h、120h、144h 和 168h 取苗，进行样品前处理，测样。结果如图 5.3A～图 5.3E 所示。

图 5.3A 为小麦吸收 PFOA 的动力学曲线，在 0～75h 时，随着时间的增长，吸收量明显增加；当时间延长到 75h 以后，小麦对 PFOA 的吸收量增加缓慢。实验表明在 75～168h 范围内，小麦吸收 PFOS 达到了最大量，根、茎中的 PFOA 含量分别为 989.49μg/kg 和 274.79μg/kg，小麦根的吸收量大约为茎叶的 3.6 倍。图 5.3B 为小麦吸收 PFOS 的动力学曲线，时间为 0～90h，小麦对 PFOS 的吸收

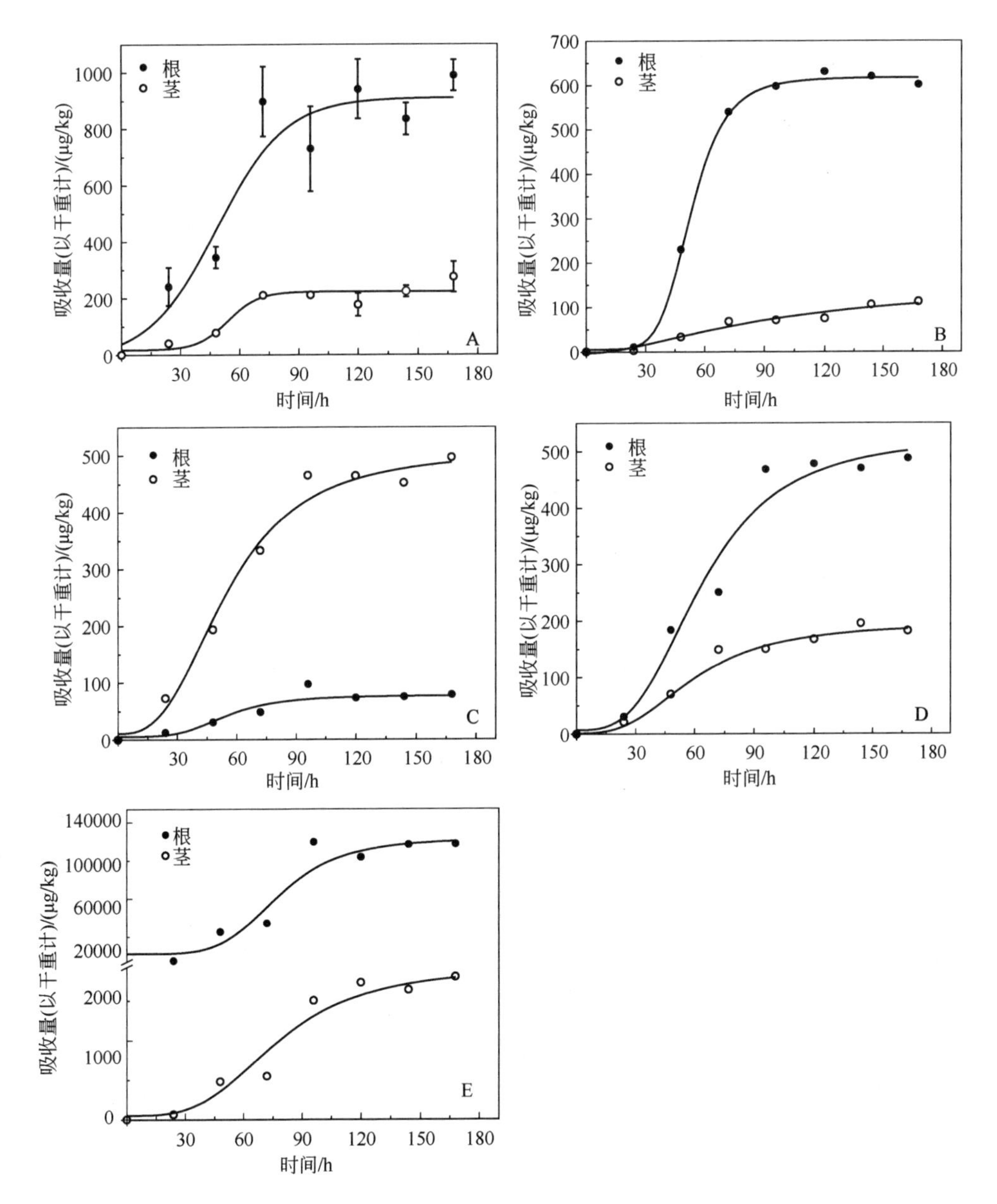

图 5.3 小麦吸收全氟化合物动力学

A—全氟辛烷磺酸；B—全氟辛酸；C—全氟丁酸；D—全氟庚酸；E—全氟十二酸

量显著增加；随着时间的增加，小麦对 PFOS 的吸收量趋于平缓。由图可知，根和茎的吸收量差异较大，根、茎最大吸收量分别为 845.183μg/kg 和 86.32μg/kg，小麦根系的吸收量大约为茎吸收量的 9.7 倍。图 5.3C 为小麦对

PFBA 的吸收动力学曲线，时间为 0～95h，小麦的吸收量随时间增加；当到达一定吸收量后，随时间的增加，吸收量趋于稳定。与其他曲线最为明显的差异是小麦茎对 PFBA 的吸收明显高于根的吸收，约为根的 5.1 倍。根和茎最大吸收量分别为 97.24μg/kg 和 496.88μg/kg。图 5.3D 为小麦吸收 PFHpA 的动力学曲线，在 0～100h 时，吸收量随时间显著增加，100h 后吸收量缓慢增加。对于小麦根部，96h 和 144h 时，其吸收量分别为 328.36μg/kg 和 370.79μg/kg，可以比较出，时间增加了 48h，但是根对 PFHpA 的吸收变化不大。图 5.3E 为小麦吸收 PFDoA 的动力学曲线，在 110h 时间内，小麦的吸收量的变化很显著，随着时间的增加，小麦对 PFDoA 的吸收量趋于稳定。根茎最大吸收量分别为 118388.88μg/kg 和 2337.99μg/kg，小麦根的吸收量大约为茎吸收量的 50 倍。由图中可以看出，小麦对 PFDoA 的吸收量最大，明显高于其他 4 种全氟化合物。

对小麦根部以及茎部对 5 种 PFCs 的吸收综合作图，进行对比分析，如图 5.4 所示。图 5.4A 为小麦根对 PFCs 的吸收，由图可知，吸收变化的整体趋势相似。当时间在 75～100h 范围内，小麦根对 5 种 PFCs 吸收趋于稳定。吸收量大小依次为 PFDoA > PFOS > PFOA > PFHpA > PFBA，小麦根对 PFDoA 吸收量最大，为 118388.88μg/kg，而对 PFBA 吸收相对较低，为 97.24μg/kg。可以看出小麦根对不同的 PFCs 的吸收量差异性很大。本实验用 1mg/L 的 PFCs 溶液培养小麦，避免了其他因素的影响。小麦对 PFCs 吸收量的显著差异，可能与 PFCs 本身的性质差异有关。PFCs 碳链长短依次为 PFDoA（$C_{12}HF_{23}O_2$）> PFOS（$C_8F_{17}SO_3$）> PFOA（$C_8HF_{15}O_2$）> PFHpA（$C_7HF_{13}O_2$）> PFBA（$C_4HF_7O_2$）。因此，可能是由于碳链越长的 PFCs，越容易在小麦根部产生吸附作用，并通过主动运输作用，进入小麦根部从而被吸收。由于 PFDoA 的碳链最长，小麦对其吸收明显高于其他四种 PFCs。一些研究表明，在生物体内 PFCs 的富集规律，对于高于 7 个碳的 PFCs 具有显著的生物富集效应，且生物对全氟羧酸的生物富集能力与其碳链长度有关，随着碳链长度越长，生物富集能力也越大[10,11]。

图 5.4B 为小麦茎部对五种 PFCs 的吸收。由图可知，小麦茎部对 PFCs 的吸收量大小为 PFDoA > PFBA > PFHpA > PFOA > PFOS。小麦茎部也是对 PFDoA 的吸收量最大，其最大吸收量在 144h 时，为 2337.99μg/kg。虽然 PFBA 的碳链最短，但是小麦茎对 PFBA 的吸收量高于 PFHpA、PFOA 和 PFOS。这是由于小麦茎部对 PFCs 的吸收主要是通过蒸腾作用。本实验是在密闭的容器

中进行，PFBA 的碳原子数虽然为 4 个，但是其饱和蒸汽压 1.33kPa（25℃），大于其他 4 种 PFCs，相对容易挥发，在空气中的 PFBA 可能直接被茎吸收，因此在小麦茎中含量较高。

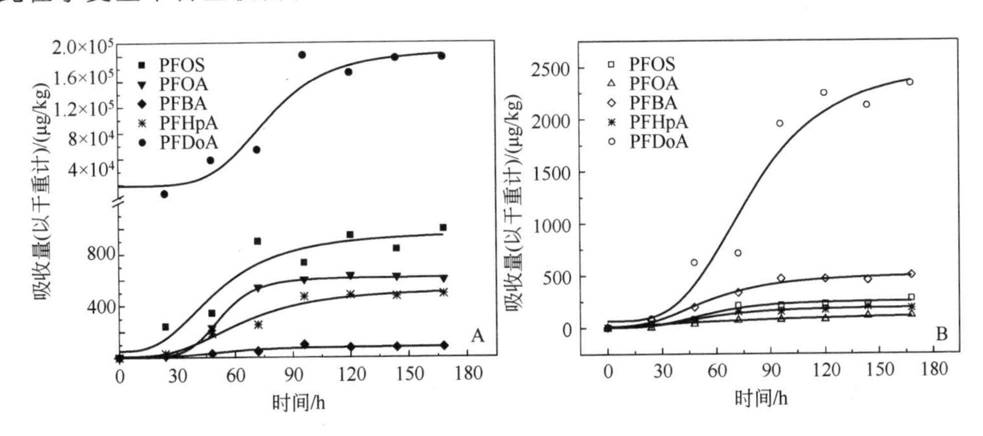

图 5.4 小麦根（A）和茎（B）吸收全氟化合物动力学

5.3.3 动力学吸收曲线

植物对污染物的吸收可以用动力学模型进行解释，本实验采用一级动力学模型进行拟合。一级动力学模型拟合，其形式为：

$$\frac{dc}{dt}=-k_1c$$

$$q_t=A\cdot(1-e^{-k_1t})$$

式中，q_t 为小麦对 PFCs 的吸附量，μg/kg；t 为吸收作用时间，h；k_1 为一级动力学速率常数，1/h；A 为与初始浓度相关的常数。

采用一级动力学模型对小麦吸收 PFCs 动力学过程进行分析，结果见表 5.6 和表 5.7。从表中可以看出，对于根部吸收 PFCs 的拟合相关系数均达到 0.83 以上，茎部达到了 0.88 以上。因此，用一级动力学进行拟合，效果较好。速率常数 k_1 表示吸收速率的大小，吸收速率越大，吸收达到最大量的时间越短。在表中可以看出，在小麦根部吸收 PFOS 速率最大，茎部对 PFBA 吸收速率最大，因此达到最大吸收量的时间短，半衰期分别为 64.88h 和 73.41h，由图 5.4 也可以直观地看出，在较短的时间内根对 PFOS 的吸收达到最大，随时间变化，增加不显著。

表 5.6 小麦根对 PFCs 吸收动力学拟合方程及参数

名称	A	k_1/h^{-1}	$t_{1/2}/h$	R^2
PFOA	1113.43±33.11	12.7×10⁻³±0.057	75.82	0.89
PFOS	824.98±63.53	10.02×10⁻³±0.006	67.94	0.88
PFBA	102.40±5.26	10.68×10⁻³±0.007	64.88	0.84
PFHpA	823.56±95.40	6.16×10⁻³±0.044	112.58	0.92
PFDoA	182553.21±5814.70	6.81×10⁻³±0.006	101.76	0.83

表 5.7 小麦茎对 PFCs 吸收动力学拟合方程及参数

名称	A	k_1/h	$t_{1/2}/h$	R^2
PFOS	385.11±11.17	8.28×10⁻³±0.043	83.69	0.92
PFOA	164.18±4.30	6.08×10⁻³±0.041	113.98	0.93
PFBA	650.94±38.52	9.44×10⁻³±0.036	73.41	0.94
PFHpA	257.61±6.34	8.71×10⁻³±0.039	79.56	0.94
PFDoA	3870.16±864.05	5.47×10⁻³±0.005	126.69	0.88

5.4 小结

本章研究了小麦对五种 PFCs 的吸收动力学，考察了吸收平衡时间、最大吸收量及其吸收动力学方程。

（1）平衡时间的确定

随着暴露时间的增加，小麦对五种 PFCs 的吸收显著增加，当时间在 75～110h 范围内，小麦对它们的吸收量趋于稳定。小麦对 PFOA、PFOS、PFBA、PFHpA 和 PFDoA 吸收平衡时间分别约为 75h、95h、90h、100h、110h。此时，小麦对其吸收达到最大吸收量。

（2）小麦对五种 PFCs 的吸收量

当小麦对 PFCs 达到吸收平衡时，小麦根中吸收量大小为 PFDoA＞PFOS＞

PFOA > PFHpA > PFBA，茎中 PFDoA > PFBA > PFHpA > PFOA > PFOS。小麦对 PFDoA 的吸收量最大，根和茎中吸收量分别为 118388.88μg/kg 和 2337.99μg/kg。小麦根部对 PFOS、PFOA、PFHpA 和 PFDoA 的吸收量大于茎部的吸收量，而对于 PFBA 的吸收，茎部的含量却大于根部的含量。

（3）吸收动力学方程

一级动力学方程对五种 PFCs 的吸收过程进行拟合，根和茎的相关系数的平方（R^2）均在 0.83 以上。根据一级动力学方程可知，小麦对五种 PFCs 的吸收量与时间成正比。根据已获得的速率常数 k_1 值，我们知道小麦对 PFOS 的吸收最快，可在短时间达到吸收最大量，对 PFHpA 的吸收最慢。

参考文献

[1] Briggs G G, Bromilow R H, Evans A A. Relationships between lipophilicity and root uptakeand translocation of non-ionised chemicals by barley[J]. Pesticide Science, 1989,13(5): 495-504.

[2] Chiou C T, Sheng G, Manes M. A partition-limited model for the plant uptake of organic contaminants from soil and water[J].Environmental Science & Technology, 2001, 35(7): 1437-1444.

[3] 杨振亚，朱利中. 限制分配模型预测黑麦草吸收 PAHs[J]. 环境科学，2006，27(6): 1212-1216.

[4] 凌婉婷，朱利中，高彦征，等. 植物根对土壤中 PAHs 的吸收及预测[J]. 生态学报，2005，25(9): 2320-2325.

[5] Yang Z, Zhu L. Performance of the partition-limited model on predicting ryegrass uptake of polycyclic aromatic hydrocarbons[J]. Chemosphere, 2007,67(2): 402-409.

[6] Zhu L, Gao Y. Prediction of phenanthrene uptake by plants with a partition-limited model[J]. Environmental Pollution,2004,131(3): 505-508.

[7] Hart J J, Ditomaso J M, Kochian L V. Characterization of paraquat transport in protoplasts from maize (*Zea mays* L.) suspension cells[J]. Plant Physiology, 1993,103(3): 963-969.

[8] Wild E, Dent J, Thomas G O, et al. Direct observation of organic contaminant uptake, storage, and metabolism within plant roots [J]. Environmental Science & Technology, 2005, 39: 3695-3702.

[9] Wild E, Dent J, Barber J L, et al. A novel analytical approach for visualizing and tracking organic chemicals in plants[J]. Environ. Sci. Technol. 2004, 38: 4195-4199.

[10] Martin J W, Mabury S A, Solomon K R, et al. Bioconcentration and tissue distribution of perfluorinated acids in rainbow trout (*Oncorhynchus mykiss*)[J]. Environmental Toxicology and Chemistry, 2003, 22: 196-204.

[11] Ohmori K, Kudo N, Katayama K, et al. Comparison of the toxicokinetics between perfluorocarboxylic acids with different carbon chain length [J]. Toxicology, 2003, 184: 135-140.

第 6 章

典型环境因子对小麦吸收全氟化合物的影响

6.1 引言

植物的吸收一般取决于化学物质的物理化学性质、土壤和灌溉用水的特性以及植物的种类和生理功能变化[1]。众所周知，环境（如 pH、盐度和温度）的变化可能会影响化合物的物理化学性质以及植物的生理机能，从而导致植物吸收污染物的变化[2]。到目前为止，对植物在盐度或温度梯度下对 PFCs 的吸收潜力还不是很清楚。本研究旨在研究污染物暴露浓度、pH、盐度和温度对小麦 PFCs 根系吸收及其向地上部转移的影响。研究选取五种 PFCs 包括短链全氟丁酸（PFBA）[也称七氟丁酸（HFBA）]、全氟庚酸（PFHpA）、全氟辛烷磺酸（PFOS）、全氟辛酸（PFOA）和全氟十二酸（PFDoA）作为模型化合物，系统考察了暴露浓度、pH 值、温度及盐度等的变化，对小麦吸收五种 PFCs 的影响。本研究结果对了解天然环境中植物对 PFCs 的富集、吸收具有重要意义。

6.2 实验与方法

6.2.1 实验材料和试剂

将小麦种子放在 90mm × 10mm 的培养皿中（内放置滤纸），15 粒种子均匀分散在含 5mL 不同浓度的测试液中，盖上皿盖，(25 ± 2) ℃培养。选择根长(12.3 ± 2.1) cm，茎叶长 (9.1 ± 0.88) cm 时的幼苗，作为本实验的受试植物。

标准样品：全氟辛烷磺酸（PFOS）、全氟辛酸（PFOA）(> 98%) 购自 Fluka 公司，全氟丁酸（PFBA）(99%)、全氟庚酸（PFHpA）(> 98%)、全氟十二酸（PFDoA）(96%) 购自上海安谱科学仪器有限公司。

试剂：乙腈、正己烷、二氯甲烷、甲醇、甲基叔丁基醚（MTBE）和无水乙醇均为色谱纯，购于美国 Tedia 公司。

固体药品：硼酸（99%）、无水硫酸镁（99%）、硫酸铜（99%）、无水硫酸钠（99%）、硝酸钾（99.5%）购自天津博迪化工有限公司，硫酸铁（99%）、硝酸钙（98%）、磷酸二氢钾（99.5%）、氯化锰（99%）、钼酸钠（99%）购自天津市大茂化学试剂厂，硫酸锌（99%）购自北京益利精细化学品有限公司，乙二胺四乙酸二钠（99%）购自西陇化工股份有限公司。

6.2.2 实验仪器

LEAD-2 蠕动泵（保定兰格恒流泵有限公司），水浴氮吹仪 WD-12（杭州奥盛仪器有限公司），电热恒温鼓风干燥箱 DHG-9140（上海恒科仪器有限公司），箱式电阻炉 SX2-4-10（龙口市电炉制造厂），酸度计 PB-10，电子天平（上海梅特勒-托利多仪器有限公司），安捷伦 1200 SL 高效液相色谱-6410 B 质谱/质谱，ZORBAX Ecipse XDB-C18 色谱柱（150mm×2.1mm，5μm），LC-C18 SPE 小柱（上海安谱科学仪器有限公司）。

6.2.3 暴露实验

6.2.3.1 不同浓度的 PFCs 对小麦吸收的影响

配制 100mg/L 五种 PFCs 母液，稀释成 0.1mg/L、1mg/L、10mg/L、50mg/L、100mg/L 五个浓度梯度。安装蠕动泵时，蠕动泵先经过流量校准。每个通道的进液端放入试剂瓶中，瓶中加 0.1mg/L、1mg/L、10mg/L、50mg/L、100mg/L 的五个浓度梯度 Hoagland 培养液，同时做一组空白培养，观察小麦生长情况。用每个出口与培养槽连接，在培养槽中加满培养液。培养 5d。

6.2.3.2 不同 pH 的 PFCs 溶液对小麦吸收的影响

将 PFCs 母液稀释为 1mg/L 的 Hoagland 培养液，选择 5 个 pH 条件进行培养及处理，pH 条件 4、6、7、8、10。分别移取 50mL 的 1mg/L 的 PFCs 溶液于 5 个塑料杯中，用 1mol/L 的 NaOH 和 1mol/L 的 HCl 调节 pH 得到别为 4、6、7、8、10。共做 3 组平行样，在每个塑料杯中放入 50 棵小麦苗置于实验室中培养 5d。

6.2.3.3 不同盐度 PFCs 对小麦吸收的影响

将 PFCs 母液稀释为 1mg/L 的溶液，选择 4 个盐度条件进行培养及处理，盐度条件分别为 0.1%、0.2%、0.3%、0.4%。分别称取 0.05g、0.1g、0.15g、0.2g 的 NaCl 于四个塑料杯中；分别加入 50mL 的 1mg/L 的 PFCs，从而得到盐度分别为 0.03psu[1]、1.385psu、3.64psu、5.445psu、7.25psu PFCs 的 Hoagland 培养液。在每个塑料杯中放入 50 棵小麦苗置于实验室中培养 5d。

6.2.3.4 不同温度对小麦吸收 PFCs 的影响

该部分实验在光照培养箱内完成。配制 1mg/L 的 PFCs 溶液，按照实验的过程选择三个温度条件进行培养及处理，温度条件分别为（20±1）℃、（25±1）℃、（30±1）℃，培养 5d（表 6.1）。

表 6.1 实验光照条件

时间	照度	时间	照度
6am～10am	2	2pm～6pm	2
10am～2pm	3	6pm～6am	0

6.3 结果与讨论

6.3.1 不同浓度 PFCs 对小麦吸收的影响

污染物浓度会影响植物的生长，浓度过高可能导致植物直接死亡。本实验研究不同浓度的 PFOS、PFOA、PFBA、PFDoA 和 PFHpA 的浓度对小麦生长和吸收情况的影响。在 PFCs 的五个浓度梯度条件下（0.1mg/L、1mg/L、10mg/L、50mg/L、100mg/L），经过 5d 的培养，结果如图 6.1 所示。

图 6.1A 表示小麦对 PFOS 的吸收情况，当浓度为 0～50mg/L 时，小麦的吸

[1] psu（practical salinity units），氯度与盐度的关系式（克纽森盐度公式）为：$S‰ = 0.030+1.8050\ Cl‰$。

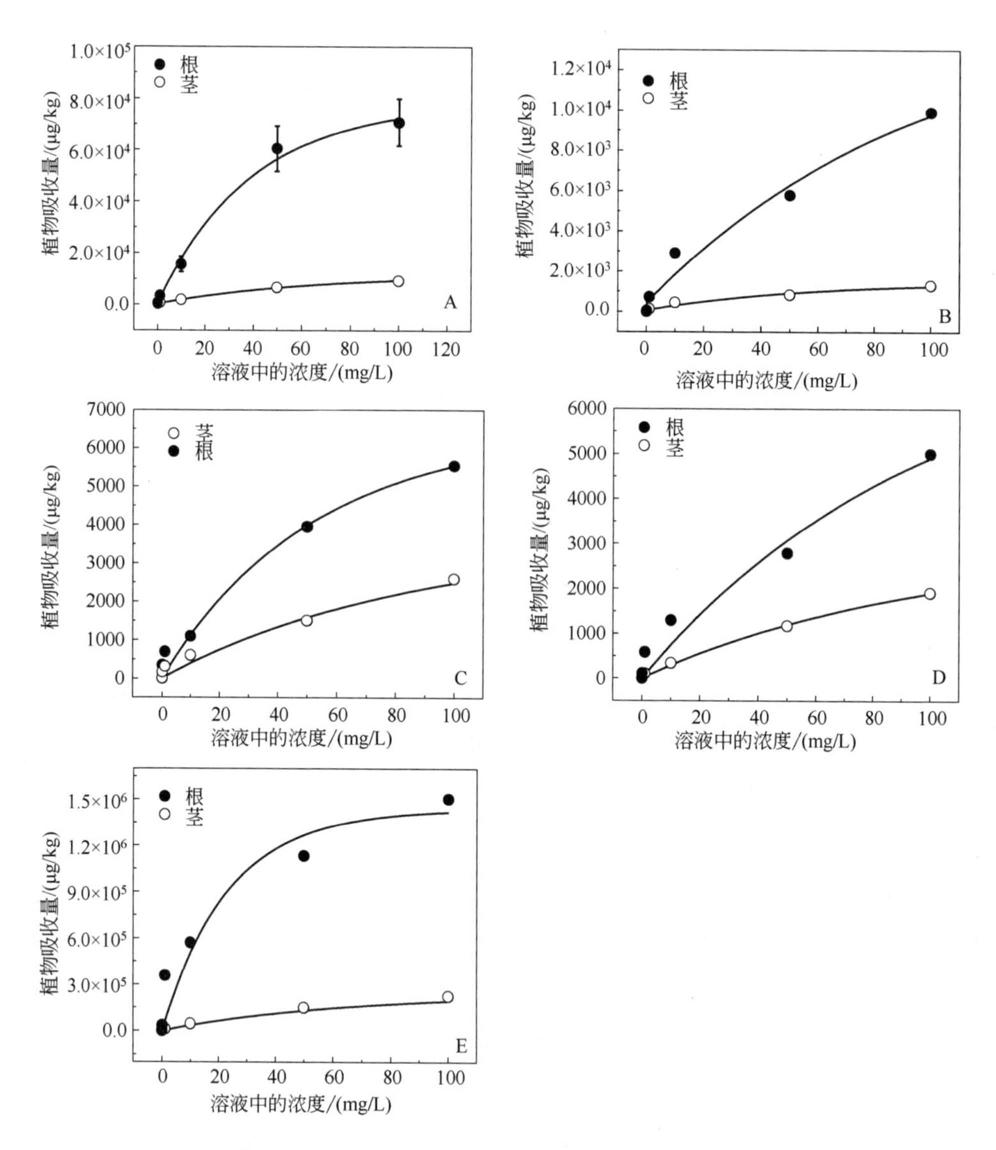

图 6.1 不同浓度全氟化合物对小麦吸收的影响

A—全氟辛烷磺酸；B—全氟辛酸；C—全氟丁酸；D—全氟庚酸；E—全氟十二酸

收会随着其浓度的增加而迅速增长，当浓度增加到 50～100mg/L 时，吸收曲线渐渐趋于平缓。当浓度为 100mg/L，根和茎分别达到了最大的吸收量，分别为 70705.29μg/kg 和 1106.85μg/kg，根吸收量为茎的 54 倍。图 6.1B 表示小麦对 PFOA 的吸收情况，在 0～100mg/L 范围内，小麦根的吸收会随着其浓度的增加而增加，吸收量变化显著。最大吸收量达到了 9907.46μg/kg。相对于根部的变化，当浓度在 50～100mg/L 范围内，茎部的吸收缓慢增长。最大吸收量为 1305.09μg/kg。图 6.1C 表示小麦对 PFBA 的吸收，浓度在 0～100mg/L 范围内逐渐增加时，小麦的吸收量也逐渐增长。当浓度为 100mg/L 时，茎和根的吸收量分别为 5547.44μg/kg 和 2596.18μg/kg，茎部的吸收明显高于根部。图 6.1D 表示小麦对 PFHpA 的吸收曲线，在浓度从 0 上升到 100mg/L 时，小麦的吸收量迅速增长，当在最大浓度下，根和茎分别达到了最大的吸收量，分别为 4997.29μg/kg 和 1903.93μg/kg，根部吸收量是茎部的 2.61 倍。图 6.1E 表示小麦对 PFDoA 的吸收情况，当浓度为 0～50mg/L 时，小麦的吸收会随着其浓度的增加而迅速增长，当浓度增加到 50～100mg/L 时，吸收曲线渐渐趋于平缓。这种现象在根部表现比较明显，浓度为 100mg/L 时吸收量是 10mg/L 时的 2.21 倍；而在 50mg/L 时的吸收量是 10mg/L 时的 1.9 倍。浓度为 100mg/L 时，根和茎分别达到了最大的吸收量，分别为 1302740μg/kg 和 223579.06μg/kg。吸收量明显高于其他 PFCs。综上可见 PFCs 浓度大小直接影响小麦的吸收。

由图可知，在低浓度处理时（0～50mg/L），小麦对 PFCs 的吸收能力较强，吸收量大，在高浓度（50～100mg/L）条件下，小麦吸收缓慢增加，在吸收 PFOS 以及 PFDoA 时尤为显著。可能是由于高浓度的 PFCs，对小麦根生长发育产生抑制作用，降低了根的生长活力，从而不能为茎部的吸收提供足够的营养物质，因此茎部的吸收也受到了明显的抑制作用，影响了小麦茎部对 PFCs 的吸收。小麦根部的吸收量大于茎部（A、B、D 和 E），可能是由于小麦根部直接与 PFCs 溶液接触，根部对浓度增加更为敏感。小麦根部首先吸收 PFCs，再传输到茎部，使得茎中吸收量低于根部。对于图 C，不同于其他 PFCs 吸收规律，小麦吸收 PFBA 时，茎部的吸收量是根部的 2 倍（100mg/L），可能是由于 PFBA 相对于其他化合物，更容易挥发到空气中，在密闭的环境中，随着溶液浓度的增加，存在空气中 PFBA 直接与小麦茎接触，被小麦茎部吸收。

小麦根部对五种 PFCs 的吸收情况（图 6.2），可以看出，随着 PFCs 浓度的增加，其变化趋势相同。浓度为 0～50mg/L 吸收量急剧增加，以 PFDoA 的吸收为例，小麦在浓度为 50mg/L 的吸收量是 0.1mg/L 时的 33 倍。当在 50～100mg/L 范围内，变化趋于平缓。当浓度为 100mg/L 时小麦对其吸收量是浓度为 50mg/L 时的 1.10 倍。可以看出高浓度处理的小麦苗生长受到了明显抑制作用。小麦根对五种 PFCs 的吸收量大小不同，顺序为 PFDoA > PFOS > PFOA > PFHpA > PFBA。对 PFDoA 的吸收量最大，最大吸收量分别是其他四种 PFCs 的 18 倍、131 倍、234 倍和 260 倍。对于碳链长短不同的 PFCs，其与生物蛋白质结合能力[3]、在环境介质中的分配能力有所不同[4-6]，植物对其富集能力也不同。具有长碳链的 PFCs 可能与根部蛋白质的结合作用大，易于被小麦根部吸收，因此其吸收量也较高。在高浓度情况下，抑制作用也明显高于其他 PFCs，可能是由于低浓度吸收时，吸收量迅速增加，达到了吸收饱和。PFOS 与 PFOA 都是具有 7 个碳的碳链结构，不同的是 PFOS 末端为磺酸基，PFOA 为羧酸基。因此可以看出碳链末端的基团结构也影响其在小麦根部的吸收，可能是由于羧酸基增加了其在溶液中的溶解性，易于被植物根部吸收。研究显示，在生物体内也有类似规律，相同碳链长度的 PFOS（碳链末端为磺酸基）的生物富集能力要显著高于 PFOA（碳链末端为羧基）[7-9]。碳链相对较短的 HFBA（最大吸收量为 1903.93μg/kg）和 PFHpA（最大吸收量为 4997.29μg/kg）吸收量，可以看出由于 PFBA 碳链短以及挥发性强，使其吸收量低于小麦根对 PFHpA 的吸收。

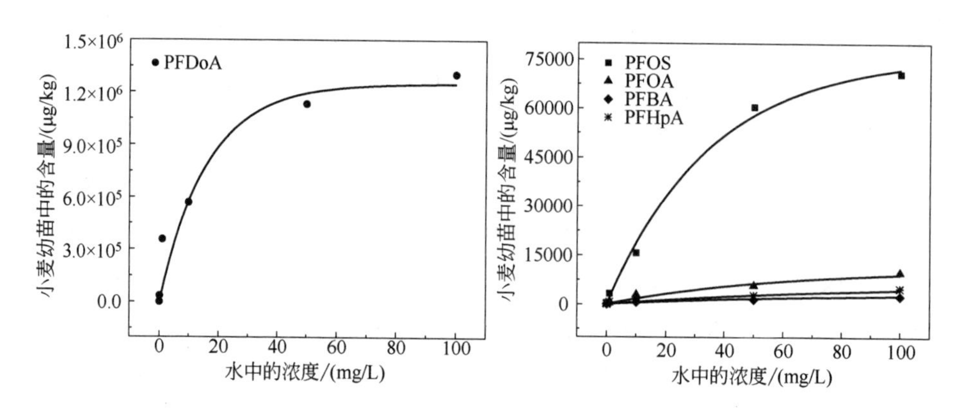

图 6.2 不同浓度全氟化合物对小麦根吸收的影响

在不同 PFCs 浓度情况下，小麦茎部吸收情况见图 6.3，低浓度情况下，其吸收量逐渐增加；高浓度（50～100mg/L）时，可产生抑制作用。小麦茎对五种 PFCs 的吸收量大小不同，顺序为 PFDoA > PFBA > PFHpA > PFOA > PFOS。相对于根部的吸收变化，茎部差异相对小。小麦茎对 PFDoA 的吸收量也是最大

(223579.06μg/kg)，与根部吸收规律相同。最大吸收量分别是其他四种 PFOS、PFOA、PFHpA 和 PFBA 的 202、171、117 和 86 倍。在小麦茎部的吸收主要是根部运输作用以及茎对空气中 PFCs 的吸收。PFDoA 的吸收量显著大于其他四种，主要是因为根部的吸收作用，向上运输过程中，使茎部也积累了大量的 PFDoA。随着 PFBA 浓度的增加，空气中 PFBA 浓度较高，茎可以直接吸收，因此大量积累在茎中。小麦对 PFHpA、PFOS 和 PFOA 的吸收量，没有明显的差异。

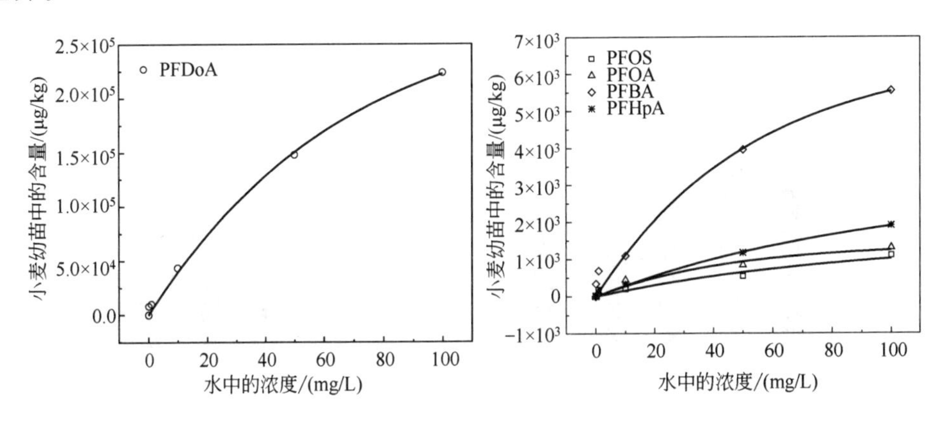

图 6.3 不同浓度全氟化合物对小麦茎吸收的影响

6.3.2 pH 对小麦吸收 PFCs 的影响

植物在适宜的土壤 pH 才能够正常生长，pH 也是土壤的重要理化参数，不同的 pH 值（4、6、7、8 和 10）会影响植物的生长和代谢[10]。本实验在 PFCs 初始浓度 1.0mg/L，温度(20±2)℃，不同 pH 条件下，经过 5 天培养，探究小麦对 PFCs 的吸收，如图 6.4 所示。

图 6.4A 为小麦对 PFOS 的吸收变化情况，在 pH = 6 时，小麦根和茎达到了最大吸收值，分别为 1283.36μg/kg 和 303.47μg/kg。在 pH 为 6～8 范围内，变化不显著，说明在此范围内，小麦根能够正常生长。在 pH = 4，过酸的条件下，小麦根和茎吸收量分别减少 321.51μg/kg 和 77.69μg/kg。在 pH = 10 过碱条件下，小麦根和茎吸收量分别减少了 739.36μg/kg 和 171μg/kg。图 6.4B 是小麦对 PFOA 的吸收，在不同 pH 条件下的变化。随着 pH 的增加，吸收量增加，当

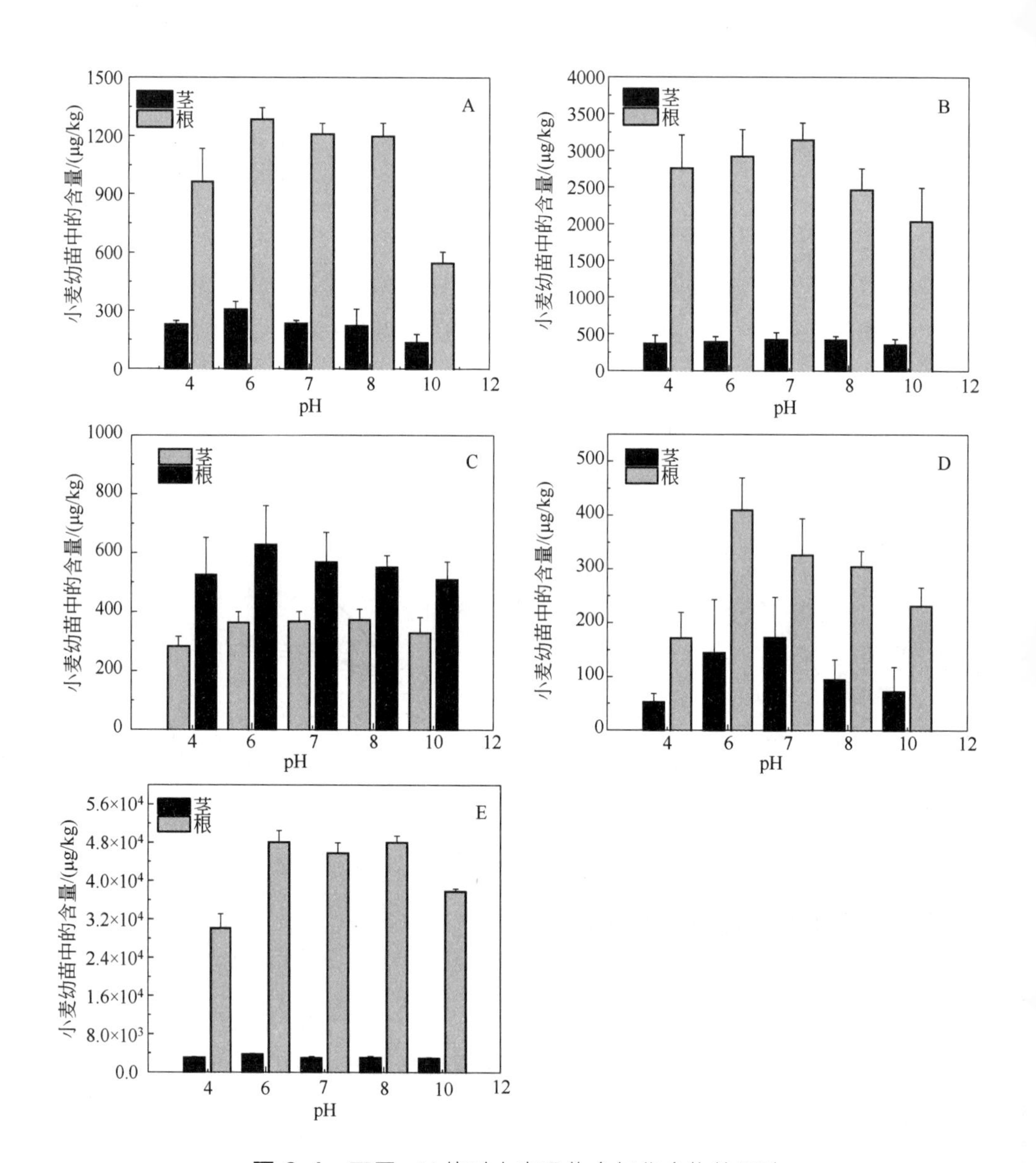

图 6.4 不同 pH 值对小麦吸收全氟化合物的影响

A—全氟辛烷磺酸；B—全氟辛酸；C—全氟丁酸；D—全氟庚酸；E—全氟十二酸

在 pH = 7 时，吸收量达到最大。在小麦茎部的吸收变化不显著。当 pH 进一步增加时，吸收量呈现下降趋势。根的吸收量为茎部的 5.3 倍。图 6.4C 为小麦对 PFBA 的吸收，在 pH = 6 时，小麦根和茎达到了最大吸收值，分别为 508.87μg/kg 和 328.09μg/kg。在 pH 为 7～10 范围内，吸收量逐渐减小。在 pH = 4，过酸的条件下，小麦根和茎吸收量最小，分别为 283.12μg/kg 和 524.68μg/kg。茎部的吸收是根部的 1.85 倍。图 6.4D 是小麦吸收 PFHpA，在不同 pH 条件下的变化。在 pH = 6 时，根吸收量最大为 409.43μg/kg，茎在 pH = 7 吸收量达到最大，为 172.37μg/kg。随着 pH 的变化，小麦的吸收量变化比较显著，pH = 4 吸收量最低。图 6.4E 是小麦对 PFDoA 吸收变化，pH 在 6～8 之间时，吸收量较大，根平均吸收量为 47235.67μg/kg。在 pH = 6 时，根和茎吸收量最大，分别为 48014.27μg/kg 和 2838.07μg/kg，根部是茎部的 16.9 倍，差异较大。

在 pH 值为 6 时，小麦吸收量较高。pH 值 6～8 之间影响不大，pH 值为 4 或 10，小麦吸收量低。由此可见，当环境介质为中性条件时，小麦能够对 PFCs 保持最大的吸收值。由表 6.2 可知，PFCs 的最大 pK_a 值为 3.13。在实验 pH（4～10），主要以离子形态存在。随着 pH 的增加，以质子存在方式为主。因此在酸性条件下，小麦根部易于吸收离子形式的 PFCs，小麦对 PFCs 的吸收量较高。在酸性范围内，PFCs 分子中的 F、COO^- 和 SO_3^- 都极易生成氢键，易于吸附在小麦根部，因此在 pH 为 4～7 范围内，PFCs 的吸附量增加。研究表明，小麦苗生长的最适 pH 值是 6.5，小麦种子中的淀粉酶、脂肪酶、蛋白酶活力最高,贮存物质分解速度快，呼吸速率高,幼苗生长速度也最快。因此在中性环境中有利于小麦对 PFCs 的吸收。pH 值大于 8 或小于 5 时，幼苗代谢速率降低并且生长减慢。影响小麦幼苗的根系活力，造成根系吸收功能下降。因此，根对 PFCs 的吸收量在 pH 值为 4 或 10 时，明显低于中性条件。研究显示，pH 值大于 8 或小于 5 时，小麦茎的蒸腾作用降低，蒸腾速率、气孔导度显著下降[11]。使得小麦根部向茎部运输能力下降，茎部吸收量也显著下降。

表 6.2 全氟化合物 pK_a 值

目标物	分子式	分子量	pK_a
全氟辛烷磺酸（PFOS）	$C_8F_{17}SO_3H$	499	−3.27
全氟辛酸（PFOA）	$C_7F_{15}COOH$	414	0.74～2.58
全氟丁酸（PFBA）	C_3F_7COOH	214	0.7（预测值）
全氟庚酸（PFHpA）	$C_6F_{13}COOH$	364	0.74～0.92
全氟十二酸（PFDoA）	$C_{11}F_{23}COOH$	614	3.13

在不同 pH 条件下，对小麦根和茎吸收 PFCs 分别作图。图 6.5A 为小麦根

部吸收 PFCs 曲线，吸收趋势相似。当 pH 为 4～6 时，吸收量逐渐增加；在 pH 为 6～7 区间时，变化不显著；在 pH 为 8～10，小麦根部吸收量逐渐下降。小麦根对 PFCs 吸收量大小依次为 PFDoA > PFOA > PFOS > PFHpA > PFBA，其中对 PFHpA 和 PFBA 的吸收量变化不大。在 pH = 6 时，PFDoA 的吸收量分别是 PFOA、PFOS、PFHpA 和 PFBA 的 23.61、37.42、117.32、132.25 倍。由于 PFCs 主要以离子形式存在，其碳链较长，可能氢键的作用力增加。在溶液中容易吸附在小麦根部，从而在小麦体内积累富集。因此在根部的吸收量大小主要取决于碳链的长短。

图 6.5B 是小麦茎对 PFCs 的吸收，变化趋势和小麦根部相似，在 pH 为 6～7 时，达到了最大吸收量。由图可以看出，小麦对茎的吸收量大小依次为 PFDoA > PFBA > PFOA > PFOS > PFHpA。小麦根部对 PFDoA 的吸收量最大，在茎部也表现出最大的吸收量，为 48014.27μg/kg，相对于其他 PFCs 吸收量较大。同时由于 PFBA 的挥发性，在小麦茎部吸收量较大。

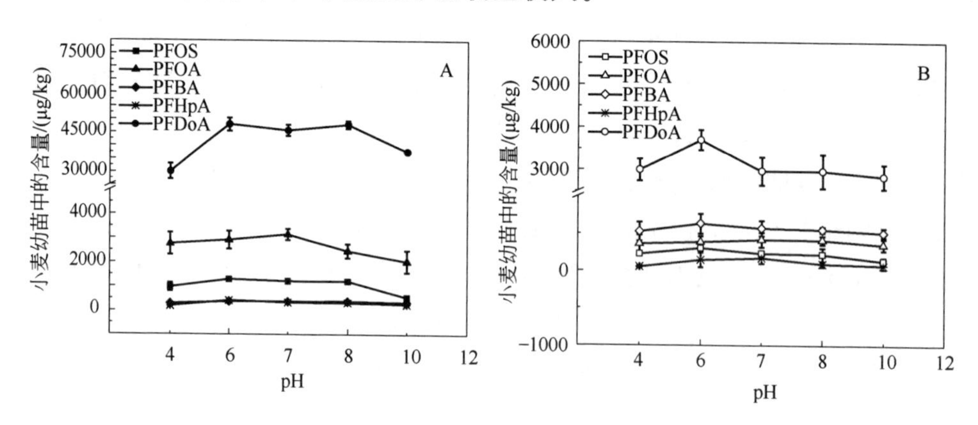

图 6.5 不同 pH 值对小麦根（A）和茎（B）吸收全氟化合物的影响

6.3.3 盐度对小麦吸收 PFCs 的影响

土壤中的盐分（NaCl）是衡量植物生长及生理状况的重要指标，影响植物的生长以及吸收状况[12,13]。本研究中考察了五个不同的盐浓度条件下（0.03psu、1.385psu、3.64psu、5.445psu、7.25psu）小麦对 PFCs 的吸收状况。在本研究中，以 1mg/L 的 PFDoA、PFOA、PFOS、PFHpA 和 PFBA 的 Hoagland 培养液培养小麦。小麦的吸收情况如图 6.6 所示。

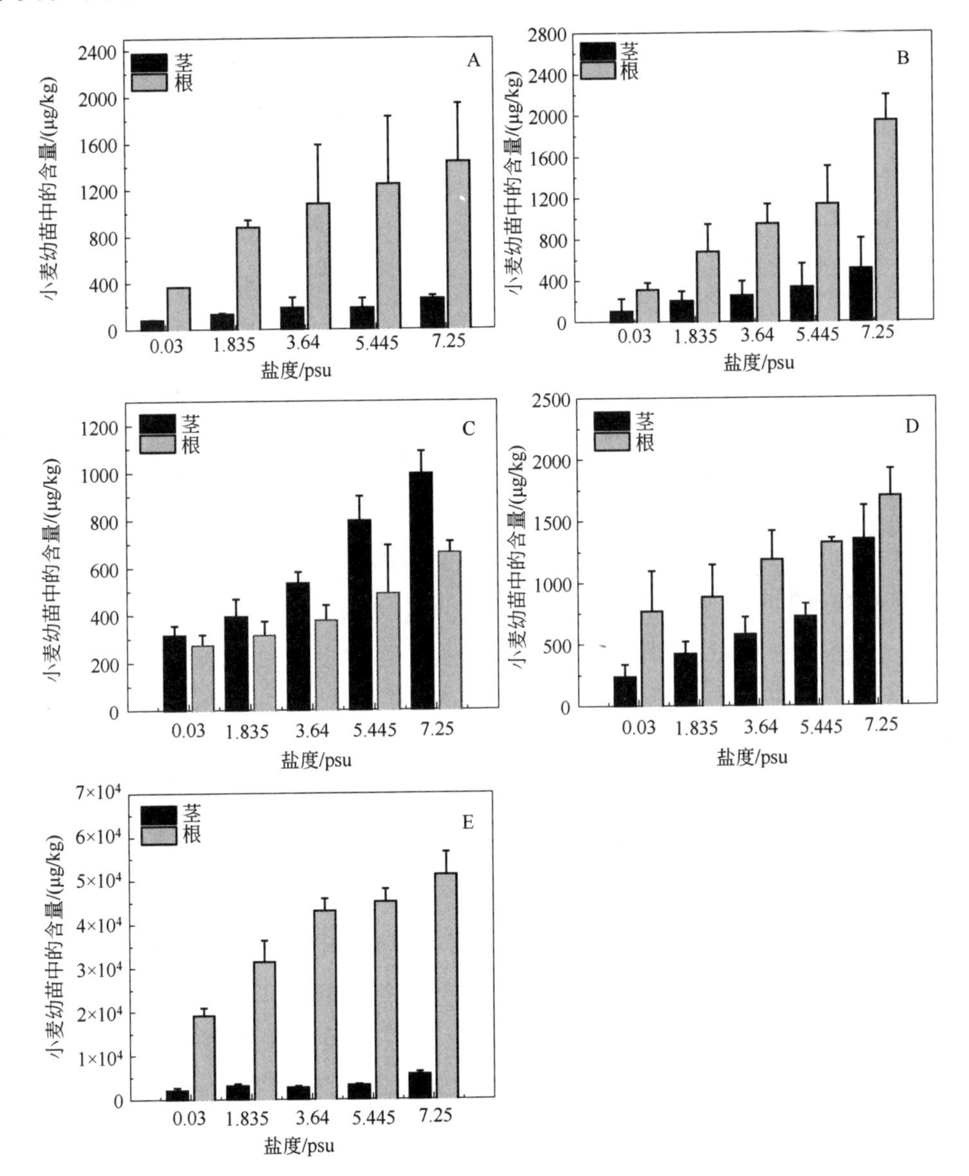

图 6.6 NaCl 对小麦吸收 PFCs 的影响

A—全氟辛烷磺酸；B—全氟辛酸；C—全氟丁酸；D—全氟庚酸；E—全氟十二酸

图 6.6A 表示小麦对 PFOS 的吸收情况，当盐度为 0.03～7.25psu 时，小麦的吸收会随着其盐度的增加而增加趋势，根部由 364.77μg/kg 增加到

1437.77μg/kg。将小麦吸收量分别作线性方程，见表 6.3。根和茎相关系数达到了 0.93 以上，拟合较好。说明在 0.03～7.25psu，小麦吸收呈线性关系增加。在 7.25psu，根和茎分别达到了最大的吸收量，分别为 1437.77μg/kg 和 259.56μg/kg，根吸收量约为茎吸收量的 5 倍。当溶液中盐度增加，可能促进了小麦的生长，使小麦对 PFOS 的吸收量增加。

图 6.6B 表示小麦对 PFOA 的吸收情况，同吸收 PFOS 情况相似，当盐度从 0.03psu 增加到 7.25psu 时，小麦的吸收增加。小麦根在 5.445psu 时的吸收量是 3.64psu 时的 1.5 倍；小麦根在 7.25psu 时的吸收量是 5.445psu 时的 1.74 倍。当盐度为 7.25psu，小麦根部增加量更为显著。当达到了最大的吸收量时，分别为 507.87μg/kg 和 1943.48μg/kg，根吸收量约为茎的 3.8 倍。线性拟合后，相关系数达到了 0.93。图 6.6C 表示小麦对 PFBA 的吸收情况，随盐度从 0.03psu 增加到 7.25psu，小麦的吸收呈现上升趋势。在 7.25psu，根和茎分别达到了最大的吸收量。当低浓度的（0.03psu）盐度条件下，小麦茎部的吸收大于根吸收量，是根部吸收量的 1.15 倍；高浓度的（7.25psu），小麦茎部的吸收是根吸收量 1.3 倍。图 6.6D 表示小麦对 PFHpA 的吸收情况，当盐度为 0.03psu 时，小麦的吸收量较高，根部和茎部吸收量为 765.86μg/kg 和 234.79μg/kg。小麦的吸收会随着其盐度的增加而增加。在 7.25psu，根和茎分别达到了最大的吸收量。图 6.6E 表示小麦对 HFDoA 的吸收情况，当盐度从 0.03psu 增加到 7.25psu 时，小麦的吸收会随着其盐度的增加而增加。在 7.25psu，根和茎分别达到了最大的吸收量，分别为 51245.6μg/kg 和 5539.6μg/kg。

由以上结果显示，溶液中 NaCl 浓度的增加能够促进小麦对 PFCs 的吸收，当 0.03～7.25psu 时，PFCs 分别平均增加了 3.51、5.62、2.10、2.32 和 2.61 倍。同时由表 6.3 可以看出线性拟合效果较好，吸收量呈线性关系增加。当溶液中盐度增加到 7.25psu 时，表现出最大的根吸收量。一些研究显示[14]，植物在土壤盐分超过 0.2%～0.5%时出现吸水困难，盐分高于 0.4% 时植物体内水分外渗，生长速率显著下降，甚至导致植物死亡[15,16]，在低盐度条件下，对植物生长影响不大。小麦在土壤中最大耐盐值为 2g/L，本实验盐度最高处理为 0.4%，结果表明在此范围内，小麦生长良好，说明小麦相对于其他植物，耐受性较好。盐度在 0.03～7.25psu 范围的增加，促进了小麦生长，使植物光合速率加快，气孔导度增加，促进光合作用。对于全氟化合物，随盐度的增加，在溶液中的吸附作用增强，Pan 研究在水体中[17]，随着盐度从 0.18psu 到 3.31psu 逐渐增加，PFOF/PFOA 易于吸附在底泥中。因此，随盐度的增加，PFCs 在小麦根表面吸附作用增强。根部吸收明显大于茎部，只有小麦吸收 HFAB 的量是茎部大于根部，如图 6.6C 所示，小麦吸收 PFBA 时茎部的吸收量大，可能是由于 PFBA 相对于其他化合物，更容易挥发到空气中，在密闭的环境中，随着溶液浓度的增加，存在于空气中的 PFAB 直接与小麦茎接触，被小麦茎部吸收。

表 6.3 线性拟合方程与相关系数 R^2

化合物	根		茎	
	线性方程	R^2	线性方程	R^2
PFOS	$Y = 251.51X+245.48$	0.93	$Y = 41.725X+41.133$	0.94
PFOA	$Y = 372.76X-116.96$	0.93	$Y = 372.76X-116.95$	0.93
PFBA	$Y = 96.293X+135.6$	0.92	$Y = 176.19X+76.62$	0.96
PFHpA	$Y = 230.01X+479.58$	0.96	$Y = 251.96X-97.38$	0.88
PFDoA	$Y = 7851X+14485$	0.93	$Y = 732.22X+1041.80$	0.72

图 6.7A 为不同盐度下，小麦根对 PFCs 的吸收。随着盐度的增加，对五种 PFCs 的吸收都呈现增加的趋势，表明了盐度增加可以促进小麦对 PFCs 的吸收。吸收量大小依次为 PFDoA > PFOA > PFOS > PFHpA > PFBA。在盐度较低时（0.03psu），小麦根对 PFDoA 的吸收量较大，为 19033.25μg/kg，是 PFOS、PFHpA、PFOA 和 PFBA 吸收量的 52、24、61、70 倍。当盐度为 7.25psu 时，吸收量达到最大。小麦根部吸收量进行线性拟合后，R^2 都在 0.93 以上，说明变化显著。可以看出小麦根部对 PFCs 的吸收增大，可能是由于盐度的增加，PFCs 在小麦根部表面吸附作用增强，而碳链越长，吸附力越强，小麦吸收 PFCs 的顺序与碳链长短密切相关。图 6.7B 为不同盐度下，小麦茎对 PFCs 的吸收。随着盐度的增加，对五种 PFCs 的吸收都呈现增加的趋势，表明了盐度增加可以促进小麦对 PFCs 的吸收。吸收量大小依次为 PFDoA > PFOA > PFBA > PFHpA > PFOS。当在 7.25psu 时，吸收量达到最大，分别为 5539.68μg/kg、1943.14μg/kg、1346.55μg/kg、992.23μg/kg 和 259.56μg/kg。小麦茎部吸收量进行线性拟合后，小麦吸收 PFDoA 的相关系数为 0.72，在盐度 1.835～5.445psu 时，其变化量不大，因此线性拟合效果较差。可以看出小麦茎部对 PFCs 的吸收增大，可能是由于盐度的增加，PFCs 在小麦根部表面吸附作用增强，而碳链越长，吸附力越

强，小麦吸收 PFCs 的顺序与碳链长短密切相关。PFBA 的碳链最短，但是吸收量较大是由于其挥发性较大，在空气中存在，直接被茎部吸收。

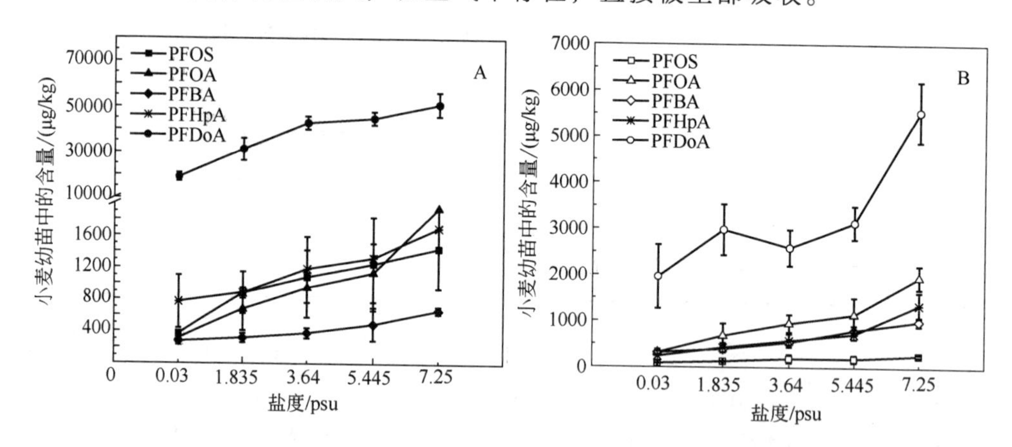

图 6.7 不同盐度对小麦根（A）和茎（B）吸收全氟化合物的影响

6.3.4 温度对小麦吸收 PFCs 的影响

环境温度是重要的生态因子，在适宜的温度下，植物才能正常生长。温度达到生长最低温度以上，植物才开始生长发育，温度过高可导致植物逐渐死亡。环境温度影响土壤温度，而土温直接影响植物根系的生长发育。同时温度也直接影响植物的新陈代谢强度和蒸腾的强度。在本研究中，以 1mg/L 的 PFDoA、PFOA、PFOS、PFHpA 和 PFBA 的 Hoagland 培养液，对小麦在三个不同的温度条件下［(20±1)℃、(25±1)℃和(30±1)℃］进行实验，研究小麦对 PFCs 的吸收情况。实验结果见图 6.8。

在不同实验温度下，小麦对吸收 PFOS 吸收变化，如图 6.8A 所示。(20±1) ℃到 30℃，随着温度的增加，小麦根吸收量由 114.95μg/kg 增加到 577.47μg/kg，增加了 5 倍，小麦茎部的吸收量增加了 3.6 倍。对小麦吸收量做线性回归，R^2 可达 0.98。在 30℃，根和茎达到了最大吸收量，分别为 577.47μg/kg 和 152.61μg/kg，根部是茎部的 3.71 倍。这是由于小麦根部与溶液直接接触，再通过蒸腾作用，将根部的 PFOS 运输到茎中。小麦对 PFOS 的吸收呈线性关系，吸收量随温度升高，显著增加。说明了温度对小麦吸收 PFOS 产生促进作用。植物根系的生长及其养分吸收都受温度的直接影响。大量研究表明[18,19]，在一

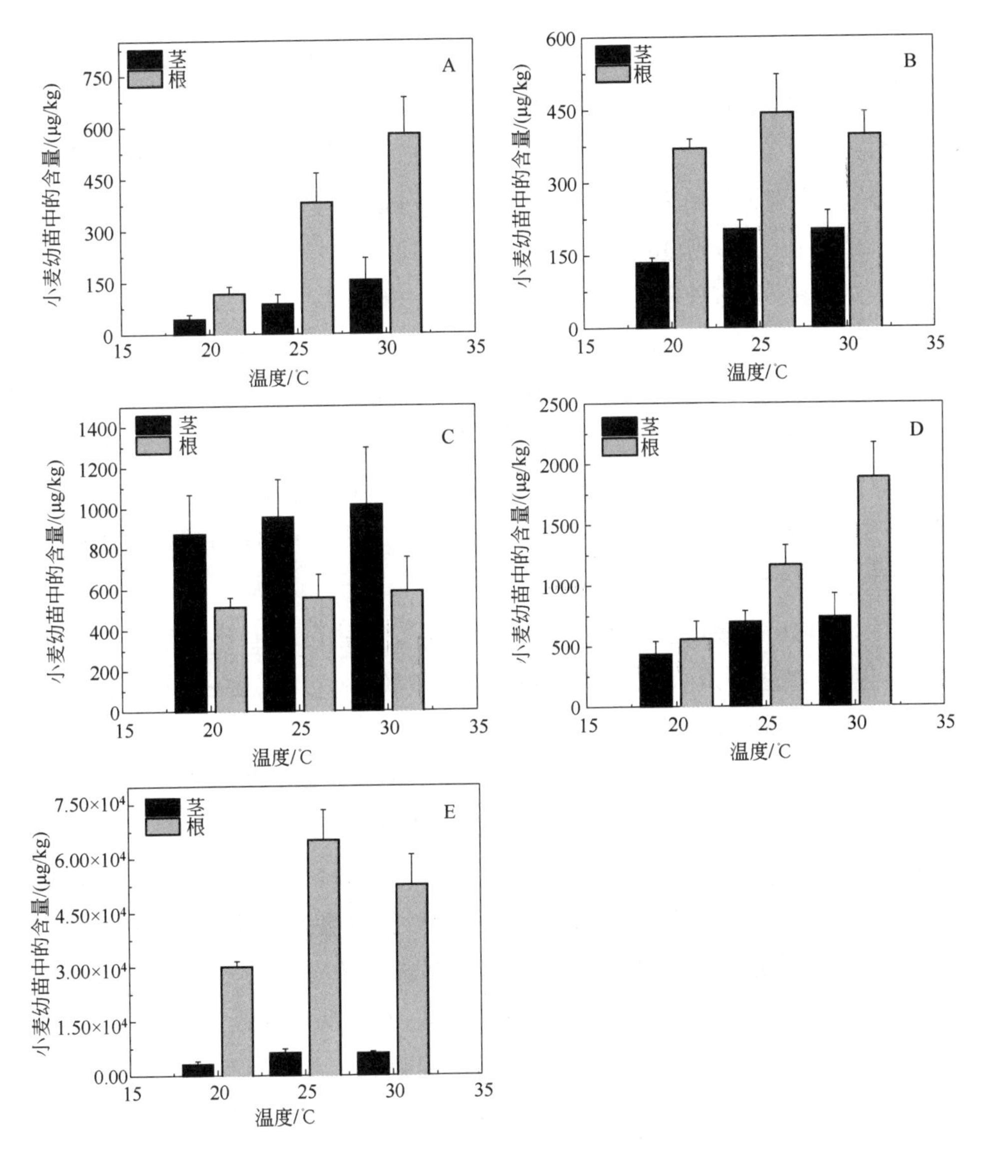

图 6.8 温度对小麦吸收 PFCs 的影响

A—全氟辛烷磺酸；B—全氟辛酸；C—全氟丁酸；D—全氟庚酸；E—全氟十二酸

定范围内，随着温度增加，植物的光合作用、水分代谢以及营养成分的吸收增加。同时温度升高能使根系生长加快，促进了小麦根部对 PFOS 的吸收。小麦茎部靠蒸腾作用，吸收溶液中的 PFOS，温度升高，蒸腾作用加快[20]，茎吸收量也显著升高。

小麦对 PFOA 的吸收变化，如图 6.8B 所示。温度由 20℃增加到 25℃时，小麦根部吸收量呈现上升趋势，而当增加到 30℃，吸收略有下降。最大吸收量为 397.41μg/kg。小麦茎部的吸收随着温度增加，呈现上升趋势，在 25℃到 30℃，变化不显著，分别为 202.17μg/kg 和 202.16μg/kg。温度的增加对小麦吸收 PFOA 有促进作用，在 25℃到 30℃，变化不明显。

小麦对 PFBA 的吸收，如图 6.8C 所示。随着温度的升高，吸收量逐渐增加，根部和茎部吸收量分别增加了 75.47μg/kg 和 141.90μg/kg。可以看出小麦的吸收量增加比较缓慢。对于 PFBA 的吸收，茎部的吸收量大于根部，在 30℃时，茎部的吸收量是根部的 1.7 倍。这是由于相对于其他 PFCs，PFBA 具有挥发性，在空气中浓度较大。而且随着温度的增加，加快了 PFBA 的挥发，同时蒸腾作用加快，也促使根部的溶液向小麦的茎部运输。因此茎部对 PFBA 的吸收大于根部。

小麦对 PFHpA 吸收变化，如图 6.8D 所示。整体呈现上升的趋势，当 30℃，小麦根和茎吸收达到最大量 1883.16μg/kg 和 730.29μg/kg。随着温度的增加，小麦根部吸收 PFHpA 增加量明显高于茎部的增加。当温度为 20℃时，小麦根部吸收量是茎部的 1.20 倍；当温度为 30℃时，小麦根部吸收量是茎部的 2.5 倍。温度的升高，促进小麦根部生长，根部对 PFHpA 的吸收显著增加，而茎部不能直接吸收，吸收量相对于根部较低。

小麦对 PFDoA 的吸收，如图 6.8E 所示。随着温度的升高，吸收量显著增加，当 25℃吸收量达到最大值时，根部和茎部吸收量分别为 64904.1μg/kg 和 5912.11μg/kg。温度继续升高，吸收量缓慢下降。根部吸收量是茎部的 11 倍以上。

环境温度的增加能够促进小麦对 PFCs 的吸收，当环境温度达到（30±1）℃时，表现出最大的根吸收量（图 6.8A、C 和 D）；根据图 6.8B 和 E，当环境温度达到（25±1）℃时，表现出最大的根吸收量。同样，在小麦茎叶部位，也呈现这样的趋势。温度对小麦吸收 PFCs 的影响为，在 25℃到 30℃的吸收量达到最大。对于植物而言根系生物量和根系长度在一定范围内随土壤温度的升高而增加，超过这一温度范围则会降低。在 20～30℃的范围内，温度升高能促进有机质的输送。温度过低，影响营养物质的输送率，阻碍作物生长。在 0～35℃范围内，温度升高能促进呼吸，但对光合作用的影响较小，所以低温有利于作物体内碳水化合物的积累。对于以离子形态存在的 PFCs，在水中首先吸附在小麦根系表面，再被植物吸收。当温度升高时，PFCs 在水分子中的热运动加快，同时也增强了在小麦表面的吸附作用，从而有利于小麦对其吸收。由图 6.8B 和图 6.8E 可知，对 PFOA 和 PFDoA 的吸收规律和其他 PFCs 不同，在 30℃，略有下降，可能是由于碳链相对较大。温度为 30℃，植物在短时间内被小麦大量吸收，达到了吸收饱和，动力学部分研究显示，在 100h 左右，小麦吸收达到平衡，PFCs 在小麦体内累积，影响了正常的生长和生理活动，导致其浓度在 30℃时，略有下降。

将五种 PFCs 的根茎吸收量分别作图，如图 6.9 所示。图 6.9A 为小麦根部对 PFCs 的吸收，从总体趋势上看，随着温度增加（20～25℃），小麦根的吸收量也逐渐增加；当温度为 25～30℃，小麦对 PFOS、PFHpA、PFBA 的吸收继续增加，对 PFDoA 和 PFOA 的吸收量略有下降。从图中可以看出，在 25℃时，其吸收量的大小 PFDoA > PFHpA > PFBA > PFOA > PFOS。当 20℃时小麦对 PFDoA 的吸收量最大，为 29812.37μg/kg，分别是其他 PFCs 的 259.4、80.6、58.4 及 53.8 倍。小麦对 PFDoA 的吸收远远大于其他四种 PFCs，由于其本身性质碳链最长，与小麦根表面吸附作用最强，使其最易于被小麦吸收，因此吸收量最大。小麦对于 PFHpA、PFBA、PFOA 和 PFOS 吸收量变化并不显著，25℃，其吸收量分别为 1160.12μg/kg、556.41μg/kg、442.71μg/kg 和 379.55μg/kg。温度的增加，可能导致了水分子的热运动增加，PFCs 在水溶液中与小麦根的吸附作用可能增强，碳链越短，其离子形式在水中运动越激烈，因此使得小麦吸收 PFHpA 的量，相对较高。

图 6.9B 为小麦茎部吸收 PFCs 的变化图。随着温度升高，吸收量增加，但

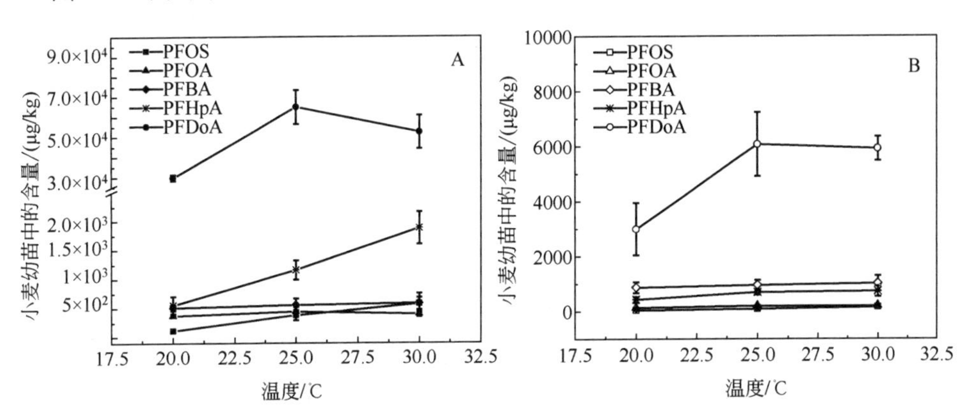

图 6.9 不同温度对小麦根（A）、茎（B）吸收全氟化合物的影响

是当温度在 25～30℃之间，增加并不显著。以小麦茎对 PFHpA 的吸收为例，30℃时，吸收量分别是 20℃和 25℃吸收量的 1.7 和 1.01 倍。温度对小麦根部吸收有促进作用，同时加快了植物的蒸腾作用，使得小麦根部运输作用增强。小麦茎部吸收量大小为 PFDoA > PFAB > PFHpA > PFOA > PFOS。小麦对 PFDoA 的吸收量大，主要是由于其在根部的吸收作用较强，吸收量最大达到了 1154.49μg/kg。PFBA 在小麦茎中富集，主要是空气挥发作用，使空气中的浓度较大，在小麦茎表面吸收。

6.4 小结

环境因子在植物吸收污染物过程中，是重要的影响因素。在不同的环境因子作用下，小麦对五种全氟化合物吸收规律不同。

（1）不同浓度的 PFCs 对小麦吸收的影响

随着 PFCs 浓度的增加，小麦对 PFCs 吸收量增加。在根中吸收量大小为 PFDoA > PFOS > PFOA > PFHpA > PFBA，茎中为 PFDoA > PFBA > PFHpA > PFOA > PFOS。小麦对 PFDoA 吸收量最大，当达到最大吸收量时，根和茎对 PFDoA 的吸收量分别为 1302740μg/kg 和 223579.06μg/kg。此外，小麦根部对 PFOS、PFOA、PFHpA 和 PFDoA 的吸收量大于茎部的吸收量，而对于 PFBA 的吸收，茎部的含量却大于根部的含量。

（2）不同 pH 对小麦吸收 PFCs 的影响

结果表明，小麦吸收 PFCs 在 pH 值为 6 时，吸收量较高。pH 值为 4 或 10，小麦吸收量低。在 pH 为 6～7 时，达到了最大吸收量。小麦吸收量在根中大小依次为 PFDoA > PFOA > PFOS > PFHpA > PFBA，茎中为 PFDoA > PFBA > PFOA > PFOS > PFHpA。小麦对于 PFDoA 的吸收量最大，根和茎中最大量分别为 48014.27μg/kg 和 3697.18μg/kg。小麦根部对 PFOS、PFOA、PFHpA 和 PFDoA 的吸收量大于茎部的吸收量，而对于 PFBA 的吸收，茎部的含量却大于根部的含量。

(3) 不同盐度对小麦吸收 PFCs 的影响

结果表明，当盐度从 0.03psu 增加到 7.25psu 时，小麦对 PFCs 吸收量显著增加。将吸收量和盐度进行线性拟合，小麦根和茎部，相关系数分别在 0.92 和 0.72 以上。在小麦根部吸收量大小依次为 PFDoA > PFOS > PFHpA > PFOA > PFBA，茎部依次为 PFDoA > PFOA > PFBA > PFHpA > PFOS。小麦根对 PFDoA 的吸收量最大，在根中对 PFBA 的吸收最小，最大吸收值为 660.50μg/kg；在茎中对 PFOS 的吸收最小，最大吸收值为 364.77μg/kg。小麦根部对 PFOS、PFOA、PFHpA 和 PFDoA 的吸收量大于茎部的吸收量，而对于 PFBA 的吸收，茎部的含量却大于根部的含量。

(4) 不同温度对小麦吸收 PFCs 的影响

结果表明，当温度由 20℃增加到 25℃时，小麦对 PFCs 的吸收增加；温度由 25℃增加到 30℃时，小麦对 PFOS、PFHpA、PFAB 的吸收量增加，而对于为 PFDoA 和 PFOA 的吸收，呈下降趋势。在根部的吸收量的大小为 PFDoA > PFHpA > PFBA > PFOA > PFOS，茎中吸收大小为 PFDoA > PFBA > PFHpA > PFOA > PFOS。小麦对 PFDoA 的吸收量最大，根和茎中最大吸收量分别为 52397.92μg/kg 和 5912.11μg/kg。在根中对 PFOS 的吸收最小，其最大吸收值为 577.47μg/kg；在茎中对 PFOA 的吸收最小，其最大吸收值为 202.17μg/kg。小麦根部对 PFOS、PFOA、PFHpA 和 PFDoA 的吸收量大于茎部的吸收量，而对于 PFBA 的吸收，茎部的含量却大于根部的含量。

参考文献

[1] Paterson S, Mackay D, Mcfarlane C A. Model of organic-chemical uptake by plants from soil and the atmosphere[J]. Environ Sci Technol, 1994, 28: 2259-2266.

[2] Stofberg S F, Klimkowska A, Paulissen M P C P, et al. Effects of salinity on growth of plant species from terrestrializing fens[J]. Aquat Bot. 2015, 121: 83-90, 1.

[3] Jones P D, Hu W, et al. Binding of perfluorinated fatty acids to serum proteins [J]. Environmental Toxicology and Chemistry, 2003, 22: 2639-2649.

[4] Higgins C P, Luthy R G. Sorption of perfluorinated surfactants on sediments[J]. Environ Sci Technol, 2006, 40: 7251-7256.

[5] Higgins C P, Luthy R G. Modeling sorption of Anionic surfactants onto sediment materials: a priori approach for perfluoroalkyl surfactants and linear alkylbenzene sulfonates [J]. Environ Sci

Technol, 2007, 41: 3254-3261.

[6] Ahrens L, Yamashita N, Yeung L W, et al. Partitioning behavior of per-and polyfluoroalkyl compounds between pore water and sediment in two sediment cores from Tokyo Bay, Japan [J]. Environ Sci Technol, 2009, 43: 6969-6975.

[7] Conder J M, Hoke R A, DE W W, et al. Are PFCAs bioaccumulative A critical review and comparison with regulatory criteria and persistent lipophilic compounds [J]. Environ Sci Technol, 2008, 42: 995-1003.

[8] Houde M, Pacepavicius G, Wells R S, et al. Polychlorinated biphenyls and hydroxylated polychlorinated biphenyls in plasma of bottlenose dolphins(*Tursiops truncatus*)from the Western Atlantic and the Gulf of Mexico[J]. Environ Sci Technol, 2006, 40: 5860-5866.

[9] Giesy J P, Kannan K. Global distribution of perfluorooctane sulfonate in wildlife [J]. Environ Sci Technol, 2001, 35: 1339-1342.

[10] 李清芳，辛天蓉，马成仓，等. pH 值对小麦种子萌发和幼苗生长代谢的影响[J]. 安徽大学学报，2003, 31: 185-187.

[11] 郭书奎. NaCl 胁迫抑制小麦、玉米幼苗的光合作用机理研究[D]. 济南：山东师范大学, 2001.

[12] Dyer S D, Coats J R, Bradbury S P. Effects of water hardness and salinity on the acute toxicity and uptake of fenvalerate by bluegill(*Lepomis macrochirus*)[J]. B. Environ. Contam. Tox. , 1989, 42: 359-366.

[13] Hall L W, Anderson R D. The influence of salinity on the toxicity of various classes of chemicals to aquatic biota[J]. Crit. Rev. Toxicol, 1995, 25: 281-346.

[14] 杨晓玲，郭金耀. 超声波对小麦幼苗在不同盐度中生长的影响[J]. 安徽农业科学，2011，39(2): 1079-1080.

[15] Bethke P C, Drew M C. Stomatal and nonstomatal compenet to Inhibition of photosythesis in leavesof during progressive exposure to NaCl salinity[J]. PlantPhysiol, 1992, 99: 219-226.

[16] WalkerR R, Blaekmore D H. Carbon dioxide assimilation and Foliar ion concentrationin leaves of lemontreesirrigated With NaCl and Na_2SO_4[J]. Aust J PlantPhyiol, 1993, 20: 173-185.

[17] You C, Jia C X, Pan G. Sorption and desorption of perfluorooctane sulfonate at sediment-water[J]. Journal of Anhui A Sci, 2011, 39(2): 1079-1080.

[18] 冯玉龙，刘恩举，孟庆超. 根系温度对植物代谢的影响[J]. 东北林业大学学报，1995, 23: 94-99.

[19] 王会肖. 土壤温度、水分胁迫和播种深度对玉米种子萌发出苗的影响[J]. 生态农业研究，1995, 3: 70-74.

[20] 陈绍兰. 土壤温度对植物生长发育的影响[J]. 农业科技情报，1990, 2: 12-14.

第 7 章

结论与展望

7.1 主要结论

鉴于当前国际研究中发现土壤环境介质中存在 PFCs 的污染，本书以典型 PFCs 为目标物，研究了 PFOS 和 PFOA 等 PFCs 和陆生植物之间的作用关系。主要内容包括：典型 PFCs 对陆生植物的种子萌发生长的影响及土壤性质对其影响的分析；典型 PFCs 对我国主要作物小麦的生物毒性研究；溶液培养体系内作物小麦根系对典型 PFCs 的吸附和吸收研究；小麦对典型 PFCs 的吸收动力学研究和典型环境因子对小麦吸收 PFCs 的影响。研究的结果总结如下。

① 在 PFOS 和 PFOA 对植物种子萌发生长的影响研究中，在 400mg/L 的范围内，两种化合物对植物的萌发影响不显著。根据 EC_{10}、EC_{50} 和 NOEC 值，四种受试植物对 PFOS 和 PFOA 的根伸长的灵敏度从大到小是：小白菜 > 莴苣 > 紫花苜蓿 > 萝卜，且 PFOS 对四种植物的毒性要大于 PFOA。在六种土壤中，PFOS 和 PFOA 对植物（小白菜）的毒性作用是不同的，引起 EC_{50} 的范围：PFOS 从 161～363mg/L，PFOA 从 281～445mg/L 不等。土壤 OM 被发现和 PFOS 和 PFOA 的毒性阈值有很好的相关性，其次是土壤 CEC。

② 不同水平 PFOS/PFOA 对小麦的生态毒理学的影响被考查。低浓度的 PFOS/PFOA（<10mg/L）能轻微地促进小麦苗的生长，诱导叶绿素和可溶性蛋白的合成。高浓度的 PFOS/PFOA（> 100mg/L）能对小麦苗的这些功能产生抑制。此外，小麦苗的抗氧化体系也随着 PFOS/PFOA 的浓度的变化而呈现一定的变化。在低浓度范围内（0.1～10mg/L），PFOS 和 PFOA 均能对 SOD 和 POD 酶的活性有一定的促进作用。当浓度大于 200mg/L 时，SOD 和 POD 酶的活性均被显著抑制（$p < 0.05$）。在对 PFOS/PFOA 对小麦苗的影响的研究中，我们还发现 PFOS 和 PFOA 能够影响根细胞的渗透性，且随着 PFOS 浓度的增高，它们对渗透性的影响也显著增大。

③ 小麦根系和根细胞壁均对 PFOA 和 PFOS 表现出较强的吸附能力。吸附为线性吸附，小麦根细胞壁在小麦根系吸附 PFOS 和 PFOA 过程中起着重要的作用。小麦根系能够从外界水环境介质中吸收 PFOA 和 PFOS，且 PFOA 和 PFOS 能够在小麦体内完成根部和茎叶部之间传输。小麦根部富集 PFOA 和

PFOS 的量远高于茎叶部的量，大约为茎叶部的 5 倍。PFOS 在小麦根系表面及根细胞壁上的吸附要略高于 PFOA，而小麦根系对 PFOA 的吸收能力要高于 PFOS。此外 PFBA、PFHpA 和 PFDoA 三种化合物也能够被小麦根系吸收，随着暴露时间的增加，小麦对五种 PFCs 的吸收显著增加，当时间在 75～110h 范围内，小麦对它们的吸收量趋于稳定。当小麦对 PFCs 达到吸收平衡时，小麦根中吸收量大小为 PFDoA > PFOS > PFOA > PFHpA > PFBA，茎中为 PFDoA > PFBA > PFHpA > PFOA > PFOS。小麦对五种 PFCs 的吸收符合一级动力学方程。小麦对 PFDoA、PFOS、PFOA 和 PFHpA 吸收，根部明显大于茎部。然而对于 PFBA，由于其饱和蒸汽压明显大于其他四种化合物，叶面吸收也可能是一个主要的路径，因此 PFBA 在茎部的含量要明显大于根部的含量。

④ 在不同的环境因子下，小麦对五种 PFCs 吸收规律不同。不同浓度下小麦对 PFDoA 吸收量最大，小麦根部对 PFOS、PFOA、PFHpA 和 PFDoA 的吸收量大于茎部的吸收量，而对于 PFBA 的吸收，茎部的含量却大于根部的含量。在 pH 值为 4 或 10，小麦吸收量低。在 pH 为 6～7 时，达到了最大吸收量。小麦吸收量在根中大小依次为 PFDoA > PFOA > PFOS > PFHpA > PFBA，茎中为 PFDoA > PFBA > PFOA > PFOS > PFHpA。当盐度从 0.03psu 增加到 7.25psu 时，小麦对 PFCs 吸收显著增加。将吸收量和盐度进行线性拟合，小麦根和茎部，相关系数分别在 0.92 和 0.72 以上。在小麦根部吸收量大小依次为 PFDoA > PFOS > PFHpA > PFOA > PFBA，茎部依次为 PFDoA > PFOA > PFBA > PFHpA > PFOS。当温度由 20℃增加到 25℃时，小麦对 PFCs 的吸收增加；温度由 25℃增加到 30℃时，小麦对 PFOS、PFHpA、PFAB 的吸收量增加，而对于 PFDoA 和 PFOA 的吸收，呈下降趋势。在根部的吸收量的大小为 PFDoA > PFHpA > PFBA > PFOA > PFOS，茎中吸收大小为 PFDoA > PFBA > PFHpA > PFOS > PFOA。

7.2 展望

① 有必要深入开展 PFCs 的土壤环境行为研究，包括其在土壤中的吸附/

解吸及淋溶等环境行为。这将为进一步了解 PFCs、土壤和植物三者之间的作用关系提供科学依据。

② 有必要深入开展土壤介质中植物根系对 PFCs 的吸附和吸收研究，深入了解土壤性质（如土壤水、有机质、pH 值等）对植物根系吸收 PFCs 的影响，并探寻 PFCs 在根-土-水界面的迁移机制，为有效开展 PFCs 的植物修复提供理论基础。

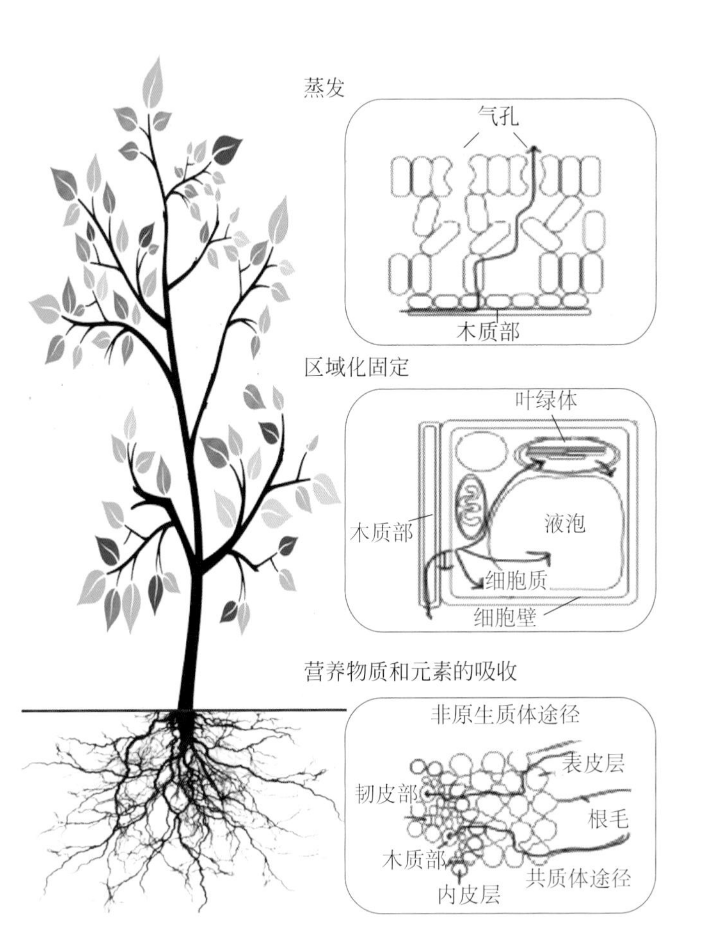

图 1.4 植物吸收污染物 / 营养物质的途径

图 3.3 不同浓度下，PFOS 培养 7d 后，小麦叶颜色的变化